SKYLINE
天 际 线

望远 知新

Animal Architecture

Beasts, Buildings and Us

动物建筑

［英国］保罗·多布拉什切齐克 著

陈珏 译

译林出版社

图书在版编目（CIP）数据

动物建筑 ／（英）保罗·多布拉什切齐克
(Paul Dobraszczyk) 著；陈珏译 . -- 南京：译林出版
社，2025. 2. --（"天际线"丛书）. -- ISBN 978-7
-5753-0505-1

Ⅰ. Q958.1-49

中国国家版本馆 CIP 数据核字第 20248EH140 号

Animal Architecture: Beasts, Buildings and Us by Paul Dobraszczyk
was first published in English by Reaktion Books, London, UK, 2022.
Copyright © Paul Dobraszczyk 2022
Simplified Chinese edition copyright © 2025 by Yilin Press, Ltd
All rights reserved.

著作权合同登记号　图字：10-2023-163号

动物建筑　　[英国] 保罗·多布拉什切齐克／著　陈珏／译

责任编辑　杨雅婷
装帧设计　韦　枫
封面绘制　陆雨齐
校　对　　王　敏
责任印制　董　虎

原文出版　Reaktion Books, 2023
出版发行　译林出版社
地　址　　南京市湖南路 1 号 A 楼
邮　箱　　yilin@yilin.com
网　址　　www.yilin.com
市场热线　025-86633278
排　版　　南京展望文化发展有限公司
印　刷　　江苏凤凰通达印刷有限公司
开　本　　880 毫米 ×1240 毫米　1/32
印　张　　10.25
插　页　　2
版　次　　2025 年 2 月第 1 版
印　次　　2025 年 2 月第 1 次印刷
书　号　　ISBN 978-7-5753-0505-1
定　价　　68.00 元

目　录

由建筑师珍妮·甘设计的摩天大楼，位于芝加哥，2010 年

导言　重返大地

　　2010 年，由建筑师珍妮·甘设计的摩天大楼爱克瓦大厦在芝加哥落成，并被誉为既适合人类居住，又考虑到其他动物生活的典范建筑。它那波浪形的外立面和烧结玻璃可以避免鸟类接近建筑物的玻璃幕墙，造成鸟类受伤或死亡。对于"动物友好"建筑来说，设定的门槛也许并不高——这也不足为奇，因为我们长期以来一直将动物排斥在外，甚至视其为"低人一等"。更常见的是，动物只有在被认为对人类有用时，如作为牲畜、家养宠物、实验动物，或动物园和水族馆等消费场所中的景观时，它们的建筑才会被特别设计。如果这些动物并没有特殊的用处，那么它们常被视为"有害动物"，并被清除或消灭。当地球上的建筑行业成为气候变化和物种灭绝的主要因素之一时，我们迫切需要改变自身与动物的关系，不仅要在设计建筑时考虑动物，而且要将其视为"共居者"，并寻找一些措施来改变我们长期观念中的"人类例外论"。

　　简而言之，我们需要真正的"动物建筑"，这就是本书的主题。本书将阐述 30 种不同的动物，以开辟思考动物与人类建筑之间真正关系的新方法。书中涉及的动物既有最小的可见生物（昆虫），也有最大的陆生动物（大象），既有家养的猫和狗，也有被鄙视的黄蜂和老鼠。如果建筑能被动物们充分使用，会怎样呢？本书中的例子包括蜘蛛在房间的黑暗角落里结网，燕子在砖墙上为泥巢寻找理想的建筑点，河狸作为"景观工程师"与人类并肩工作，猫和狗利用我们的家具作为自己的休憩场所。人居环境的任何部分都能被非人类生物占据和改造，但人们会非常挑剔地选择允许哪些动物进入，或将哪些动物拒之门外，甚至是清除它们。

在建筑中为动物开辟空间，首先要意识到，非人类生命已经深深地融入我们的建筑以及想象当中。本书通过仔细观察动物如何创造或占据空间和结构，探讨了设计时需要考虑哪些动物因素。通过关注与动物的想象性互动，本书拓展了与其他生物共同生存的可能性。同时，本书也毫不避讳地指出，为了人类的居住生活，动物做出了何种牺牲——我们必须更加坦然地接受这一事实带来的不适；面对无法控制的混乱和痛苦，人们需要向前而不是逃避。简而言之，《动物建筑》构建于一个人类与动物已然相互交织的世界，无论我们或它们是否喜欢这样。

在这篇导言中，我将简述一些更广泛的论点，以此来介绍本书如何探索动物与建筑之间的关系。这些论点包括以下问题：第一，建筑的起源以及建筑与自然的关系；第二，建筑师和规划者为什么必须超越以人类为中心的建筑方法；第三，在人类建筑中，动物为何是需要考虑的重要方面；第四，为何必须开始更多地关注为动物而建的、与动物共居的建筑。本书的主要目标是挑战当前建筑实践中对动物（以及更广泛意义上的自然）所持有的价值观念，即把动物视为"他者"，只从其对人类的有用性角度加以解读。打破这种思维模式，就有可能以一种更丰富、更复杂的方式对待动物；放弃工具性思维，就有机会用更开放、更包容的方式理解动物。

建筑：毁灭世界的力量

古罗马建筑师维特鲁威在现存最古老的人类建筑学专著——公元前 1 世纪编纂的《建筑十书》（多卷本）中，对建筑的起源进行了推测。他设想了这样一个场景：早期人类（主要是男性）聚集在他们最近一次生起的篝火旁。在这里，人们"首先用枝叶搭建遮蔽物，其他人在山脚下挖掘洞穴，还有人模仿燕子筑巢的方式，用泥土和树枝搭建庇护所"[1]。维特鲁威的著作在文艺复兴时期的意大利"被重新发现"后，引发了人们对建筑起源的痴迷，这种痴迷一直持续到 20 世纪。在不同作家的眼中，维特鲁威首次提出的"原始小屋"的灵感来自树木的粗大枝条、用树枝和芦苇进行编织的古老技艺、泥土筑成的白蚁丘、蚂蚁和穴居动物挖掘的巢，以及鸟巢。[2] 建筑历史学家约瑟夫·雷克沃特认为，这种对建筑起源的关注来源于对这门学科进行革新的尝试，反复强调作为人类建筑灵感来源的自然界中的各种案例，是为特定的建筑构思理念寻求普遍甚至神圣认可的一种方式。[3]

正如雷克沃特所指出的，对建筑起源的推测，可以通过质疑我们的一些基本观念来激发新的思考。谁能说这不是建筑行业的当务之急呢？即使按照最简单的统计数据来衡量，建筑行业也是人类与地球关系的"毁灭狂欢"的主要参与者，这种狂欢是以资本主义消费为基础的。2021年，全球建筑行业的二氧化碳排放量占人为二氧化碳排放量的38%，是所有行业中占比最高的；预计到2030年，这一比例将增至42%。在全球范围内，每周都有一座相当于巴黎的城市建成，但只有1%的建筑物进行了碳足迹评估。[4]

有时，需要一个局外人来提醒我们建筑行业破坏性的真实规模和恐怖程度。在2016年出版的《垂直》一书中，地理学家斯蒂芬·格雷厄姆探讨了从卫星到地堡，人类的建筑如何越来越多地主宰地球的垂直轴。在最后一章关于采矿的内容中，他揭示了如今的超高层摩天大楼是如何通过对地球难以想象的破坏而建成的。例如迪拜高达830米的哈利法塔（在吉达塔于2025年竣工之前，它是世界上最高的建筑）就是一座破坏力巨大的建筑——它使用了5.5万吨钢材、25万吨混凝土、700吨铝材和8.5万平方米的玻璃，以及用于内部装修的成吨的埃及大理石和印度花岗岩。所有这些材料，都需要从世界各地开采、提取和加工，尤其是铁矿石和沙子。[5]而这些材料统计数据并没有告诉我们，开采和制造过程导致了多少有机生命的毁灭，而且这种程度的破坏很少在建造的过程中被考虑在内。因此，从这个角度看，哈利法塔（以及几乎所有的摩天大楼，无论它们从表面上看是多么环保的"绿色"建筑）壮观而闪亮的幕墙十分有效地掩盖了这些建筑材料的巨大破坏力。这些建筑物简直是世界的毁灭者。

在极度令人沮丧的现实面前，我们不难理解，一些建筑师希望回归小规模建筑，以创造截然不同的建筑模式。因此，现在世界各地有数以千计的生态村，它们都以创造"恢复性"环境为前提，建筑则采用可直接使用和可再生的材料。例如，在2009年建成于威尔士的拉马斯生态村，道和霍皮·温布什两位居民就将当地的木材（尽可能使用林地中的倒木）作为自建房屋的主要材料。这里（以及其他许多生态村）的观点，是通过让人类建筑者重新直接参与材料、建筑方法以及基础设施的构建，与大自然建立一种新的关系——尊重和相互促进。然而，即便拉马斯生态村通过对土地的精心管理，真正提高了当地的生物多样性，不可避免的是，建筑依然是一门在本质上具有破坏性的艺术。

砍伐一棵树，将其作为建筑材料，就意味着毁掉一个生命世界（无论在原地种植另一棵树能否抵消这一行为）。即使

拉马斯生态村里道和霍皮·温布什的自建房屋内部，2019 年

我们不认为植物具有活生生的生命（当然，如今大多数植物学家都会对此提出异议），一棵树也能养活大量的动物——从钻进树皮觅食的昆虫，到在树冠上筑巢的鸟类。使用枯木可以说更具破坏性，因为倒下的树木所供养的生命通常比活着的树木更多，腐朽的木材能为各种动物、真菌和原生动物提供养料。即使是维特鲁威所描述的最原始的居住行为——在地上挖一个洞或躲进一个山洞——也会造成一定程度的破坏：为了我们人类，其他生命总是被迫迁离和牺牲。事实上，无论是植物还是动物，其生存本身就意味着一种持续的、不可恢复的能量消耗，这种消耗最终会导致生物的死亡。在这种更为实际的理解模式下，推测建筑的起源并不是一种想象人类建筑回归自然的方式（除非这指的是人类对自然的彻底理解），而是完全相反——通过脱离被视为威胁的自然，退回内部世界（这同样适用于其他动物建筑，如白蚁丘和鸟巢）。建造庇护所意味着有目的地将外物排除：建造行为本身就是对外部世界的封闭和分割，同时也创造了新的事物。"原始小屋"的外部正是"自然"，而千年之后，外部的"自然"环境又被那些试图为建筑所谓的"自然"属性辩护的人所推崇。关于建筑带来的破坏性，更真实的问题不在于它是否可以被"解决"（即减少至零），而在于应该如何接纳及减少此类损害——这个问题比寻找可持续或有弹性的建筑方案要复杂得多。

如果将建筑与自然的关系视为一场艰难的谈判，那么基于对可持续发展的不同理解，谈判的结果将不可避免地走向破坏。人类学家蒂姆·英戈尔德提出了"对应"的概念，用来描述人类如何尊重所居住的世界。需要承认的是，所有生物总是相互交织在一起，"对应"是"与世界同行"，而不是将其视为一系列需要解决的问题。在这种理解模式下，"生命在永恒地发展和变化，既相互结合又相互区分，各不相同"[6]。思考建筑对应关系的一个有用方法是考虑土地的性质，英戈尔德在一篇文章中回应了艺术家蒂姆·诺尔斯于2015—2019年在苏格兰高地建造的一处临时住所。在这里，英戈尔德将建筑的起源重塑为"回到土地"，即建造一个渴望隐匿的藏身之处，因为隐蔽是抵御自然的最佳方式。与坚不可摧的建筑地面（想想沥青路面或混凝土地面）不同的是，这个庇护所是"一个由不同材料构成的错综复杂的折叠空间"，在这里，人类就像"在摇篮里一样依偎其中，巧妙地利用其现有的特征，只做最基本的添加"。[7]

建筑连接着世界，它并不试图在人类和自然之间建立一座不可渗透的壁垒，而是参与创造其中的交互关系。当我在2019年春天参观拉马斯生态村时，我被社区里的人如此开放地在建筑中容纳动物所震撼。例如，在我下榻的旅馆里，一只来造访的黄蜂蜂后正准备在天花板上搭建新巢。在隔壁道和霍皮·温布什的木结构房屋里，一只欧亚鸲多次飞过敞开

艺术家蒂姆·诺尔斯在苏格兰高地创建的一个庇护所，这是他在2015—2019年的"居所"项目的一部分

的前门，从厨房里叼走食物碎屑，而西仓鸮等鸟类则在屋顶内部筑巢，通过墙壁上有意凿出的圆孔进入室内。正是这两座建筑上的孔洞让动物得以进入室内，不管是精心设计的，还是临时修建的，门窗和墙壁之间都留有缝隙。在传统的建筑中，多孔性被极力避免，人们用各种专业材料来密封所有的缝隙。拉马斯的开放式建筑为我们呈现的是，如果我们为动物提供便利，它们就会与我们的生活融为一体。面对筑巢的黄蜂，我明显感到不适，这让我明白，真正的生态建筑所面临的最大障碍或许是人类对自然的本能排斥，因为自然总是不请自来，试图融入我们的生活。但具有讽刺意味的是，

建筑上的缝隙在很多情况下是对生态的"诅咒"，它们会浪费宝贵的能源。这甚至是环保组织"隔热英国"发出的号召：密封不良的建筑不仅在英国的碳足迹中占很大比例，而且在其他许多拥有大量历史建筑的国家中也是如此。[8] 但是，也许问题的关键在于，针对人们认为的建筑问题而采取的所谓"解决方案"往往只关注收益，而忽视了任何类型的建筑都会不可避免地带来损耗。

人类的建筑每时每刻都在受到大自然的侵袭，大自然总是试图将它重新纳入"怀抱"；只有不间断地维护才能防止建筑被外界侵蚀。在最微观的层面上，不透水的物质总是被内部的熵或其他事物的摩擦所分解，无论我们把这些事物看作无生命的（天气）还是有生命的（植物、动物、真菌和原生动物）。从建筑学角度而言，废墟或许是自然与文化之间相互侵蚀的有力表达：废墟证明了人类关于永恒的愚蠢见解，有力地打破了建筑不可能衰败的幻想。如果建筑要向外界敞开大门，那么它就必须放弃追求永恒的假象。

现在，我们可以重新审视维特鲁威所想象的原始人类住所了。我们看到的并非一个掌握技术能力的、成为衡量万物（包括他的第一座房子）的标准的人，而是深知自己脆弱性的人类，也就是说，人类与其他生命的世界紧密关联，其他生命无休止地渗透到他们的生活中，无论他们是否希望如此。由于接受了这种脆弱性，人类已经知道，他们建造的任何庇护所都将不可避免地最终回归到土地中。因此，建筑的起源势必会迎来建筑的终结，也会让人们更加清楚地认识到建筑消亡时会发生什么。[9]

全新的现实主义

向动物敞开大门，意味着要从"以人为中心"中解脱出来。在过去 20 年左右的时间里，这一转变在哲学和其他学科中被广泛称为"后人文主义"，成为挑战长期以来的人类中心主义思想和世界观的主要驱动力。[10]许多试图将人类从世界中分离出来的尝试都源于当前的一种认识：人类对地球的统治已经对其他生命形态（特别是动物）造成了灾难性的后果，在过去的半个世纪里，某些动物的数量已经减少了 60% 以上。一些建筑师开始正视这种破坏性的人类中心主义所遗留的问题，近年来诞生了一种特别的哲学流派——"物导向本体论"（有时被称为"OOO"），它被证明在开辟其他建筑构想（考虑因素不仅包括人类）方面具有重要意义。[11]

自启蒙运动开始以来，西方主流哲学和科学思想一直认为，只有当现实与人类思想相关联时，现实才具有意义，这一基本假设被称为相关主义。从表面上看，像这样的人类中心主义似乎很荒谬——毕竟，动物、植物和岩石等事物是确实存在的，这似乎很明显。然而，承认人类之外的其他事物确实存在（或者说，它们与人类同样平等且独立存在），就产生了一个深刻的哲学问题，因为它直接挑战了我们能够获取关于世界的全部知识的所谓能力——这是科学界经常提出的主张。对于"物导向本体论"的拥护者来说，解决这个哲学问题的办法就是简单地接受所有事物都平等存在，而人类对其他事物的认识永远只能是片面的，不可能面面俱到。著名理论家格雷厄姆·哈曼和蒂莫西·莫顿则更进一步，认为这种不完整的知识更类似于审美体验而非经验观察，而且审美感知实际上先于科学方法。在他们看来，世界上事物之间的关系总是间接的，或者说是"有距离的"，因为平等的存在意味着一种事物永远不可能详尽地了解另一种事物。[12]

如果我们接受这样的观点——事实上，一些科学家，尤其是量子力学和宇宙学领域的科学家，如今正是这么做的——将对建筑师的思考及工作方式产生深远的影响。莫顿在其众多著作中，反复运用建筑类比来证明自己的观点。例如在《人类》（2019 年）一书中，他认为我们需要在设计方法中培养对非人类事物的善意，想象一位具有生态意识的建筑师决定建造一座"能够被青蛙、蜥蜴和灰尘所影响"的房子。然后，他反其道而行之，让人们注意建筑中的基础设施类型，这些基础设施已经承认（虽然是消极地）非人类事物的在场，即"（试图）消除非人类事物的过滤器、空调和防霉油漆"。[13] 我们可以把密封剂、胶水和砂浆添加到建筑中无处不在的防御性材料列表里。显然，扭转这种负面态度，会使房屋从上到下、从里到外都截然不同。但此处的重点并不是强迫建筑师和住户欢迎霉菌、危险物，或是具有破坏性的昆虫进入家中，而是重新培养人们对长期被忽视的非人类事物的迷恋，这正是促进人类与其他生物"团结"的首要条件。莫顿认为，要让其他生物与我们人类一起"享受快乐"；他举例说，麻雀和其他喜爱人类建筑的鸟类一样，喜欢在屋顶的空洞中筑巢。[14]

向动物敞开大门的另一种方式是承认它们是建筑者。尽管迈克·汉塞尔等动物学家已经肯定了动物建筑结构（如白蚁或园丁鸟的巢）的复杂性和精密性，但人们仍然普遍认为，只有人类建筑师才能够建造出他们想象中的建筑；其他动物之所以从事建造，只是因为它们遵循着刻在基因里的预先编码的本能。[15] 本书的第一章将更详细地探讨这一观点：最近的科学研究表明，即使是没有大脑的动物，比如蚂蚁和白蚁，在集体建造时也会表现出一定的个体能动性。[16] 此外，对动物建筑的研究表明，人类所称的"环境"（即指人类建筑之外的领域）实际上与建筑紧密交织在一起。典型的例子就是河狸建造的堤坝和巢。这些结构并不是仅仅"坐落"在环境中，将环境封闭或隔离；相反，河狸建造的建筑会随着时间的推移而"构造"环境。事实上，河狸正被人类用作"自然"方案，应对气候变化引发的洪水泛滥。这表明人们越来越意识到，建筑和环境是相互交织、共同构成的。然而，许多人仍

曼彻斯特乌尔比斯大楼金属铆钉的橡胶垫片上长出了苔藓

然没有意识到的是，建筑与环境的共存适用于每一个有生命的个体，无论它们是否建造了某种建筑。这是因为，环境从来不仅仅是某种既有的生命形式的所处之处；相反，它是由无数部分构成的庞大有机体，这些组成部分也积极地塑造和改变着环境。

我们对这种观念感到如此不安，也有力地提醒我们，人类中心主义仍在主导着我们对人类建造环境的理解。不过，这并不令人感到意外。最近，我和一位建筑师朋友在家乡曼彻斯特散步时，驻足欣赏了当地建筑师伊恩·辛普森在市中心设计的乌尔比斯大楼，这是一座于 21 世纪第一个十年用钢材和玻璃建成的异形建筑，非常引人注目。在我们交谈的过程中，我的朋友发现大楼的一个金属支架边缘长出了一簇苔藓，于是他小心翼翼地将苔藓摘下。他这样做的理由是，这些苔藓预示着大楼即将衰败：随着时间的推移，苔藓会破坏固定铆钉的橡胶垫片，从而需要昂贵、耗能、耗时的维修。令我印象深刻的是，我的朋友争辩说，摘掉苔藓比允许它继续生长更符合生态学原理，因为苔藓上有大量的微动物群落；从长远来看，让一座建筑破败不堪肯定会耗费更多的资源。对我的朋友来说，精心保护建筑的结构和材料完整性正是建筑的"可持续性"所在。

如果主张相反的观点，就意味着反常地将无序和毁灭引入建筑，因此，这种观点不仅是建筑师所厌恶的，也是居住在建筑中的人们所排斥的。但是，真正的生态建筑能从其他地方产生吗？那些将设计作为生态危机解决方案的人也许忽略了一个明显的矛盾。例如，购买一个定制的鸟巢，将它安装在墙上，似乎是一种合乎道德的行为，可以缓解城市中鸟类急剧减少的问题。但这一做法也恰恰反映出人类越来越不能容忍鸟类可能更依恋的地方，即建筑物本身材料结构中的缝隙和孔洞，这样的建筑通常被贬义地称作"年久失修"。向动物敞开大门意味着需要改变人们将此视为"威胁"的态度。也许，与我的建筑师朋友相反，我们需要对其他生命带来的混乱和破坏更加包容。

在建筑中超越人类中心主义，从某些方面来说是违反直觉的。让所有动物平等地生存当然是可能的，但在我们自己的家里，乔治·奥威尔的著名论断似乎总是适用："所有动物一律平等，但有些动物比其他动物更平等。"[17] 在建筑物中，所有动物都处于一个等级森严的价值体系：宠物（尤其是狗和猫）在上，害虫（昆虫、蜘蛛和啮齿动物）在下。然而，这种价值体系是可以改变的——尽管肯定会让"上位者"感到不适，但可以促进人类与动物之间更丰富的互动。面对人类建筑活动所造成的巨大破坏，适度的让步也是可能的。如果我们愿意让其他生物分享我们的空间，就会产生一种累积效应。目前，我所做的微薄贡献就是让蜘蛛留在家里阴暗角落的蛛网上。

成为动物

人类如果能够在建筑中更加贴近动物的生活，是否就能理解动物的真正需求，是否有可能像其他动物（甚至是其他人）那样思考？ 1974 年，哲学家托马斯·内格尔在一篇著名的文章中问道："成为一只蝙蝠是什么感觉？"这篇文章经常被人类或其他动物的意识研究引用。[18] 内格尔之所以选择蝙蝠作为研究对象，是因为蝙蝠具有利用声呐感受器进行感知的能力，而人类并不具备这种能力。内格尔认为，试图通过科学分析来理解蝙蝠的声呐，只会让人类与蝙蝠之间的共情变得更加遥不可及：这种客观性在观察者与被观察者之间制造了距离。但是，内格尔也反对想象性的研究模式——它们只是人类对蝙蝠的肤浅想象，与真正的蝙蝠确实相去甚远。内格尔的结论是，我们无法理解蝙蝠（或其他任何生命形态，包括其他人类）的"外来"感知。当涉及感知和想象时，人类个体会不可避免地陷入自己的主观性中。人们会忍不住将自己试图理解的一切事物都拟人化。

内格尔对人类想象力的贬低受到了物导向本体论的有力挑战。例如，伊恩·博格斯特在其著作《异形现象学》（2012年）中断言，想象力是一种无价的能力，它能让人类与陌生的事物产生共鸣。我们可以像博格斯特本人一样，把蝙蝠的声呐想象成潜水艇或飞机控制系统的声呐：我们很容易就能把看不见、摸不着的感知形式创造成图像（毫无疑问，你此刻正在这样做）。[19] 当然，这些完全拟人化的比喻也在意料之中。博格斯特对内格尔的悲观主义提出了质疑，他认为拟人化的类比使人类超越了自我，是与真正陌生的事物建立共情的尝试。与科学的客观性不同，想象力从未宣称对非人类的认知可以详尽无遗；相反，如前所述，它尝试从侧面或一定的距离来重新理解。政治理论家简·贝内特认为，拟人化的相关风险（迷信、浪漫主义、万物有灵论等）"反驳了人类中心主义"，因为"人与其他事物之间产生了共鸣，我们不再凌驾于非人类环境之上，或置身其外"。[20] 贝内特认为，拟人化的危险远不及当前的人类中心主义，后者正在迅速剥夺地球上剩余生物的生命。

小说家 J. M. 库切在《动物的生命》（1999 年）一书中，也挑战了内格尔的悲观主义。在这本书中，虚构作家伊丽莎白·科斯特洛在一家学术机构发表了两场演讲，为人类对动物的富有想象力的认同能力进行辩护。在对内格尔的直接挑战中，她断言"我们可以把自己想象成另一种存在的程度是无限的"，通过"富有同理心的想象"，我们可以体验到"活生生的蝙蝠是……充满生命力的"，就像"完整的人类"是"充满生命力的"一样。库切对科学客观性的所谓"中立性"进行了严厉而有争议的控诉，他通过自己虚构的人物提出，纳粹制造的恐怖死亡集中营是杀手们无法"将自己代入受害者的位置"的直接后果：大屠杀既是邪恶政权及其灭绝机器所造成的，也是想象力的失败产物。[21] 就我们看待动物的态度而言，这样的比较似乎有些极端，但其目的是让我们意识到人类精心策划的、无休止的动物大屠杀（如今每年有数百亿动物供人类食用）的真实规模和恐怖程度。[22]

想象力将我们带入动物生活，对建筑学有着重要影响。首先，它可以拓展我们对人类建造的建筑与动物建造的建筑之间关系的认识。例如，通过加深对动物建造的结构进化的认识，我们可以重新思考建筑的起源，这不是为了重申人类的能力优于动物，而是为了找到两者之间的对应关系。在更平实的层面上，我们可以更多地关注动物建筑者，首先是对动物的建筑保持更持久的好奇心，并容忍我们的不适感。许多建筑师已经在这样做了，尤其是在生物仿生领域。"仿生"一词最早出现于1962年，近年来才开始指在设计中有意识地模仿自然过程。[23] 仿生设计包含了大量的实践，此处无法一一列举，但它总是以对自然的实用性理解为前提。在这里，大自然以各种方式向我们揭示了解决人类问题的更有效方法，展示了"闭环"的能量转移方式，或揭示了我们尚未发现的结构形式。毫无疑问，大自然激发了许多引人注目的建筑，例如2012年至2020年间，麻省理工学院的中介物质研究小组用蚕丝创作的两座展亭，但从根本上来说，这并没有改变长期以来的观点，即自然存在于人类之外，作为一种工具供我们使用。[24]

探索建筑与动物之间的关系，需要我们采用非工具性思维方式，并且要加入物导向本体论所强调的想象力。正如我在《未来城市》一书中所论述的，对想象力的强调可以拓展我们对自然的理解[25]，通常会导致自然"在外部"概念的逐渐消失，转而更多地体现为所谓的"自然-文化连续体"，用蒂莫西·莫顿更简洁的定义来说是"网状"[26]。想象力使人类和动物的生活之间的对应关系大量增加。在本书中，这些对应关系是从虚构作品、电影和艺术作品中的动物以及建筑物（包括已建成的和构想中的设计）中的动物提取而来的。建筑不仅仅是建筑物（更不用说那些真正由建筑师设计的建筑了），它还代表着一种连接——制造者与使用者的共存、空间与形式的共存、材料与思想的共存，以及各种流动（人、非人类事物、设施、信息、时间等）的共存。通过将动物与建筑联系起来，本书论证了建筑的扩展领域，即建筑与"自然"之间的联系，且建筑始终与"自然"密不可分。在这种理解模式中，真正的主题和焦点是事物之间的对应关系，而不是任何一个事物本身，无论它是建筑物、建筑视觉效果，还是非物质理念。正是事物之间的联系链构成了世界上真实的存在。

这种充满想象力的开放态度似乎与建筑创作背道而驰，因为我们通常认为，设计的本质在于将富有想象力的构思转化为实际建筑物［例如，建筑师彼得·卒姆托在他的论文集《思考建筑》（1998 年首次出版）中就对此进行了阐述］。但是，持更开放的态度对待"不建造"显然也没有什么坏处。毕竟，在全球变暖和物种灭绝问题上，建筑行业做出了巨大"贡献"，而设计师们多半对此一无所知，减缓建筑生产速度无疑会对生态环境大有裨益。也许，就像建筑教育中经常出现的情况那样，设计师在想象领域中停留的时间可能会比现在更长。在这里，建筑师会和英戈尔德所认为的一样，认识到与世界相对应并非意味着从远处描述它，而是与其他人（包括人类和非人类）一起生活在这个世界中，并对它做出回应。[27] 通过建筑师的想象力，动物本身将获得某种形式的自主权。

用建筑去关爱

在建筑和动物之间建立联系，核心在于将"关爱"作为人类建筑中主要的驱动因素。这一理念应用于宠物似乎是理所当然的，正如第五章所述，狗和猫等家养动物越来越多地被认为是建筑设计中的共居者。人们普遍认为宠物主人知道如何照顾动物，即使他们经常将动物的情感拟人化。然而，要关爱那些"不受欢迎"的建筑入侵者——人类通常称之为"害虫"或"害兽"时，情况则困难得多。非营利组织"扩展环境"提供了实用的在线资源，旨在促使人们给予建筑中的动物更多的关注和关爱，其中最引人注目的，是他们的合作设计提案和每年一度的新型动物建筑设计竞赛。其网站资料也特地扩大了设计师的"客户"范围——昆虫与猫狗并列，鸟类与蜥蜴同时出现，甚至还有蝙蝠与牡蛎等。[28]

"扩展环境"这一概念的提出，是基于对人类对动物态度的多样性的认知，以及对那些不受欢迎的动物的更多关爱。因此，本书将扩展"动物建筑"的范畴。在接下来的章节中，你将看到由动物建造的结构（巢穴、土堆、洞穴和贝壳），受到动物建筑启发的人类建筑（包括动物形状的结构，以及基于动物建筑工程原理的建筑），为动物居住而设计的结构和空间（例如动物园和畜牧业建筑），无意识设计而形成的供动物（例如城市下水道中的老鼠）栖息的空间和场所，以及在文学、电影和艺术作品中有关上述所有事物的隐喻形象。

一个有力的案例证明了跨物种感知的潜在广度（我在本书的第一章中将再次提到），那就是艺术家弗里茨·海格的"动物庄园"项目，它从 2008 年一直持续到 2013 年。[29] 在九座不同的城市，海格组织了各种活动，鼓励人们参与建造对各种本土物种（包括蝙蝠、鸟类和昆虫）具有吸引力的建筑和栖息地，这些物种是艺术家的"野生动物客户"。"动物庄园"项目在欧洲和北美的九座不同城市开展，每次活动都与生活在这些城市的动物共同"合作"。除了为动物建造栖息地外，该项目还举办了各种活动，激发了人们对本土动物的兴趣和认知（项目鼓励城市居民自己进行建造）。这种生态设计的整体方法旨在培养人们对城市动物的关爱，否则它们就会远离人们的视线。该项目还提出了一个具有颠覆性的问题：为什么设计只能局限于人类客户？早在 1998 年，地理学家詹妮弗·沃尔奇就将对城市动物的关爱描述为"创造一座动物城"，即一座重新自然化的城市。在这座城市中，人类将邀请动物回归，从而形成"关爱动物的伦理、实践和政治"。沃尔奇认为，人类对野生动物和家养动物的划分必须被理解为一种"可渗透的社会建构"。[30] 正如"动物庄园"项目所展示的那样，所有动物都有不同的特性，如果我们将对它们的关爱渗入设计，就必须考虑到每种动物的主体性。

这似乎是一项艰巨且过于概念化的任务，但它可以植根于日常实践，不仅涉及建筑师、规划者和学者，还涉及每一个人。我在本书其他部分将提到多种多样的具体案例。因此，我们可以学习如何在花园或学校里建造"昆虫旅馆"，同样，我们也可以对试图进入我们房子的昆虫更加好奇和宽容。在此基础上，我们还可以关注动物在家里的行为，比如观察蜘蛛如何在两堵墙之间织网。如果我们对蜘蛛感到恐惧，我们可以考虑如何管理这种阻碍接触的反感情绪。我们可能会仰望高楼，希望看到越来越常见的城市游隼，但我们同样可以通过网络摄像头近距离观察这些鸟类。我们可以通过教育扩展对动物的理解，但我们也可以通过小说和电影中富有想象力的互动来增加对动物的同理心。我们可以考虑在房子的墙上为鸟儿安装巢箱，但我们也可以更加宽容地对待建筑物上的"缺陷"，因为这些裂隙为鸟儿提供了生存所需的空间。最后，我们可以更多地认识到，为了人类建造的环境，哪些动物不可避免地成为牺牲品；或许我们可以组建或加入一些社群团体，努力改善这种境况。

在接下来的章节中还有更多的案例。本书详细讨论了30种动物，但它们只是"环境"中庞大生命（有感知能力）网络里的一小部分。我将这些动物按照一定类型组织起来，形成了松散的主题。第一章探讨了节肢动物的微型世界：讨论昆虫和蜘蛛如何自己进行建造，以及它们如何占据人类的建筑和想象。第二章的重点是鸟类，它们本身就是完美的建造者，有着独特的"驾驭空气"的能力；这个章节还阐述所谓的"魅力物种"——游隼，以及那些被忽视或嫌恶的物种——鸽子，探讨了当这些动物占用人类建筑物时，人类如何与它们打交道。第三章探讨了人类倾向于偏爱某些"野生"动物而非其他动物的现象，通过关注一些已经习惯于在城市中生活的动物（老鼠、蝙蝠和狐狸），挑战了人类通常在家养和野生之间所做的区分。本章还探讨了某些动物（大象、蜥蜴和猿猴）如何挑战人类的传统观念，尤其是当这些动物在动物园中出现时。第四章转向人们感到陌生的水生世界，探讨了人类与水生动物的关系如何受到实用性（人类食用牡蛎和鲑鱼等水生动物）和疏离感（如章鱼和海豚的非凡智慧）的双重驱动。最后一章回到了我们更为熟悉的领域，探讨了驯化如何深刻影响生物（很小一部分）与人类建造的空间和结构之间的互动，讨论范围包括人类与宠物（狗和猫）的亲密关系，以及一些人选择食用的动物（牛、猪和鸡）。

生命形态创造了所在的环境，而环境实际上是这些创造的总和。那么，为什么人类中心主义，即认为人类生活在"环境"之外的观点，会如此根深蒂固呢？也许，任何治疗师都会告诉你，失去幻想总是比失去现实要难得多。然而，显而易见的是，人类例外论幻想的持续存在正在危及地球上的所有生命。用简·贝内特的话说，正是人类，也只有人类"把自己渗透或藏进了环境的每一个角落"，同时又声称自己实际上已经脱离了环境。贝内特敦促我们放弃"将人类与非人类割裂开来的徒劳尝试"，转而"更文明、更有策略、更巧妙地与非人类互动——正是它们与人类共同组成了环境"。[31] 如果说本书有一个核心目标的话，那就是在我们对建筑和城市的想象、设计及生活方式中，倡导放弃人类例外论。

第一章　微型世界

> 蜘蛛的活动与织工的活动相似，蜜蜂建筑蜂房的本领使人间的许多建筑师感到惭愧，但是，最蹩脚的建筑师从一开始就比最灵巧的蜜蜂高明的地方，是他在用蜂蜡建筑蜂房以前，已经在自己的头脑中把它完成了。[1]
>
> ——卡尔·马克思，《资本论》（1867年）

　　马克思关于建筑师和蜜蜂的著名比喻宣扬了人类的特殊性，因为它假定只有人类才拥有想象力。蜘蛛和蜜蜂可能会建造出令人钦佩的建筑，但它们在建造之前，无法在脑海中构建出一幅完整的建筑蓝图。40年前，蒂姆·英戈尔德与马克思的意见相左，他认为"仅仅因为我们无法洞悉其他物种，就得出我们独有主观意志的结论，是完全错误的"[2]。如今，对白蚁、蚂蚁、黄蜂和蜜蜂的建筑研究已经全面证明了马克思这一假设的谬误。社会性昆虫感知世界的方式显然与我们大相径庭，但也同样重要。它是一种没有人类所谓的"头脑"的感知，即没有复杂的大脑或神经网络；相反，社会性昆虫的生活是身体、建筑物和环境之间的持续交流，这种交流有时会制作出非凡的建筑作品。[3]

除了建造自己的家园外，节肢动物（如甲虫、蜘蛛、蚂蚁、黄蜂、蜜蜂和白蚁）也非常擅长利用人类的建筑物。昆虫学家理查德·琼斯为我们提供了一部令人大开眼界、毛骨悚然的百科全书，详细介绍了数十种隐蔽在家居空间中觅食和栖息的昆虫——尽管我们总是希望将其消灭。这真是一部名副其实的百科全书，其中包括甲虫、黄蜂、苍蝇、蟑螂、白蚁、蚂蚁、跳蚤、蚊子、蠓虫、飞蛾、臭虫、虱子、螨虫、蜘蛛、蜗牛和蛞蝓。[4] 节肢动物就在我们身边——据说我们与蜘蛛的距离永远不会超过 2 米——但它们仍然是难以捉摸的异类，与家养动物和我们赋予它们的拟人化特征相去甚远。就像大卫·柯南伯格在 1986 年的电影《变蝇人》中所展示的那样，虫子让我们毛骨悚然。正如电影中的蝇人主角赛斯·布鲁德勒所说："我是一只梦见自己是人的昆虫，并且喜欢上了这种感觉。但现在梦醒了，昆虫醒了。"

想象节肢动物异化生活的最有力的方法是采用简单的微型化技术。从 19 世纪开始，人们对节肢动物的微型世界产生了兴趣，当时人们将昆虫和蜘蛛的结构及社会化生活与人类进行了类比（例如，将白蚁丘比作昆虫版的埃及金字塔）。[5] 这种认知模式一直存在，但它在本质上是人类中心主义的，比如动画电影《蚁哥正传》（1998 年）的开场场景就是这样的一个例子。在影片中，我们最初以为的纽约天际线，实际上是蚂蚁视角中的草叶——这种视角的巧妙转换将卑微的昆虫与高雅的城市居民区分开来。有人可能会认为，这种想象方式只是更加坚定地重申了马克思主张的人类例外论，将昆虫社会的方方面面都与人类社会进行类比。然而，生态学思考正是从这种以其他视角看问题的方法开始的。[6]虽然这种对微型昆虫世界的想象可能很粗糙，但它为我们提供了一个机会，让我们能够克服对昆虫的本能厌恶，尤其是当它们出现在我们的家中时。通过练习，我们或许可以对昆虫产生更多的同理心，尽管我们的拟人化认同可能存在缺陷。

《蚁哥正传》（1998 年）的片头剧照

鉴于过去至少半个世纪内，昆虫与蜘蛛正在以令人难以置信的速度灭绝，培养对它们的同理心已成为一项紧迫的任务。2019 年的一篇广为传播的科学报道显示，目前有超过40% 的昆虫物种濒临灭绝，其他许多物种的数量也在以令人担忧的速度下降，其原因包括栖息地的丧失（即将"野外"的土地用于密集型农业）、农业化学污染物（主要是杀虫剂）使用量的增加、物种入侵和气候变化。[7] 这场昆虫大灭绝不仅威胁到人类的利益，如粮食资源的有效授粉，还威胁到全球生态系统。在这种情况下，人类将昆虫视为害虫，似乎大大超过了人类对昆虫拟人化想象的危险。试着用想象力去认同所谓的异类——用我们自己的视角去观察它们的微型世界，正是我们向着珍视昆虫方向所迈出的一小步，但却是重要的一步，而这种珍视昆虫的方式可能会阻止昆虫灭绝的浪潮。

甲　虫

甲虫进入我们的建筑物寻觅食物。有的甲虫以我们人类的食物为食，这些鞘翅目昆虫经常以它们所喜爱的食物命名，如培根、咖啡、饼干、谷物、大米、香烟、面粉、水果和豆类。一些甲虫喜欢啃咬我们的家装设备，比如地毯、皮具，甚至是金属电缆。还有一些甲虫以其喜欢的藏匿地命名，比如储藏室和地窖。最可怕的是那些从里到外啃咬建筑物的甲虫，如粉蠹、报死虫、家天牛。甲虫很少自己建筑巢穴，但它们可能是居住在我们的建筑里数量最多的动物。[8]

甲虫通过门框和窗框的缝隙，或藏在木材、家具、植物及包裹里，悄无声息地进入我们的建筑。以木材为食的各种甲虫是历史建筑、老房子以及珍贵古董家具的祸害。天牛、小蠹、象鼻虫的幼虫是枯树的主要分解者，当然它们也会在硬木中挖洞。虽说甲虫会给人带来巨大的恐慌，但甲虫幼虫往往要经过很多年才会变成成虫，木头被挖空的速度也很慢，通常需要几十年至几百年才会被完全侵蚀。然而，这些隐藏的入侵者还是令人不安，特别是在一间安静的房子里，如果到处都是报死虫的话，你可以听到成年雄性为了吸引雌性，用头叩击木头的声音。

如果时间足够长，粉蠹和其他甲虫会损伤木结构建筑，破坏其结构安全性。木材被侵蚀成有着蜿蜒隧道的"瑞士奶酪"，里面有无数的微型管状结构。在柴纳·米耶维的一部奇幻小说《帕迪多街车站》（2000 年）中，虚构的奇幻城市——新克洛布桑城的外观是一只按比例放大的建筑粉蠹。在这里，凯布利（人类与圣甲虫的杂交动物）已经适应了传统廉价住房，以满足自己的需求。屋顶和外墙上覆盖着甲虫幼虫的白色黏液，"将不同的建筑连接成一个块状的、凝结的整体"。在室内，原本为人类建造的墙壁和地板被打碎并重建，因为甲虫幼虫在建筑中挖洞，"从腹部渗出痰一样的胶合剂"。直线形式被转化为"扭曲的有机通道"，"从内部看起来像巨大的蠕虫轨道"。⁹ 这种意象会激起我们本能的厌恶，让我们从粉蠹建筑的微型尺度中挣脱出来，进入人类的世界。但我们又会突然发现，小说中的异化空间不仅仅是木头内部的小隧道，还是一个非常陌生且无法摆脱的真实微观世界。

在弗朗茨·卡夫卡的中篇小说《变形记》（1915 年）中，甲虫与人类的融合有着截然不同的表现。这篇小说著名的开头是不幸的格里高尔·萨姆莎一早醒来，发现"自己变成了一只巨大的甲虫"¹⁰。评论者通常认为格里高尔变身成了一只蟑螂（这种昆虫与蚂蚁而非甲虫的亲缘关系更近），但它凸起的腹部和圆形的背部（暗示有翅膀）却是甲虫的特征。然而，格里高尔并没有完全变成昆虫，他没有翅膀，仍有人类的一些特征（如眼睑）。在整个故事中，格里高尔能听懂家人的声音，他的家人却听不懂他的唑唑声。他那昆虫般的身体与他完全人类式的思想形成了鲜明的对比——他想要对家人付出爱和关心，却无法继续去工作和养活他们；他仍拥有身体机能，尤其是对食物的渴望。卡夫卡对这一奇妙转变的描写，真实地展现了甲虫的生活，为我们提供了一种鲜明而又令人深感不安的视角。格里高尔的卧室（对人类来说是最私密的家庭空间，格里高尔几乎从来没有出来过）对家人来说变得很恶心，他们先是把大部分家具都搬走了，好让格里高尔更自由地来回走动，然后又把他的卧室当成家里的杂物堆放处。最终，这只超大的甲虫在肮脏中死去。他的尸体刚被移走，他曾经深爱的妹妹就一下子如释重负，她年轻的身体终于"舒展出青春的魅力"，她的新生之美与哥哥的死亡躯壳形成了鲜明的对比。

甲虫，也就是鞘翅目，是昆虫纲中物种最多的种类，实际上，甲虫也是所有动物中物种最丰富的。在地球上所有已知的动物中，大约有25%（至少350 000种）是甲虫。在过去的250年里，平均每天都会发现4种新的甲虫，但据推测，仍有成千上万种甲虫尚未被描述。[11]然而，像所有昆虫一样，甲虫正在以惊人的速度消失，成为人类贪婪的受害者：它们或是被视为农业害虫，因杀虫剂或栖息地被破坏而灭绝，或是无法适应人类造成的气候变化。最近，"昆虫旅馆"在伦敦等城市出现，低调地尝试着改变这种令人担忧的现状。昆虫旅馆看上去是不太起眼的箱型结构，它的正面有小洞，模拟甲虫喜欢钻洞或躲在落叶和其他腐烂植物中的习性。2015年，法国艺术家沃洛和迪耶夫尔在巴黎的一座公园里制作了一间"高级"昆虫旅馆，并将其命名为"昆虫乌托邦"。这个装置由几只安装在柱子上的小木箱组成，只有昆虫才能栖息。[12]类似于保罗·克利绘画中的抽象城市，该装置将昆虫群落（蜜蜂和黄蜂等筑巢物种）的建筑形式与我们自己的城市环境直接联系起来——这与卡夫卡笔下被囚禁在卧室里的异化虫人怪物有着截然不同的隐喻。

艺术家弗里茨·海格的"动物庄园"项目更加雄心勃勃，

该项目从 2008 年一直持续到 2013 年（本书导言中已经提到过）。[13] 2008 年，在俄勒冈州波特兰市，海格设计了一些装置，让吃蜗牛的步行虫居住；2011—2012 年，在伦敦，他鼓励市民将腐烂的木材或木屑堆埋在地下，为锹形虫（英国最大的本地甲虫）建造家园。在项目中，甲虫和人类一样，都被视为设计中的"客户"，建筑师的任务是了解通常被忽视的多物种栖息地，然后设计和建造供甲虫栖息的场所。"动物庄园"超越了人类对待动物的传统观念，比如将动物视为具有异国情调的景观、拟人化的卡通玩偶、友好的伙伴、可利用的资源、可忍受的不便或可消灭的害虫。[14] 与此同时，海格建造的建筑也坚决与人类住宅区分开。因此，即使甲虫可以更自觉、更明显地融入城市，它们的"庄园"仍然与我们的大相径庭。

但是，如果我们热衷于迎合甲虫，其种群将大量繁殖，它们不再像从前那样"安静"地栖息在我们周围，是否会对当地造成一定的侵扰呢？在亨丽埃塔·罗斯－英尼斯出版于 2011 年的小说《尼尼微》中，开普敦郊外的一个豪华住宅开发项目便成为甲虫肆虐的受害者。这幢绝对无机的建筑坐落在一片沼泽地上，似乎被它抛弃的东西占据了——天牛在臭气熏天的沼泽地里成群结队，而沼泽地就位于楼盘的围墙外面。当一位名叫卡佳·格拉布斯的除虫专家被聘用来处理这一问题时，她越来越意识到，虫灾预示着在未来，有

弗里茨·海格的"动物庄园地区样板房 5.0",它是 2008 年在波特兰举办的"动物庄园"展览的一部分

机的生物体和无机的建筑都将毁灭。卡佳把耳朵贴在墙壁上，倾听甲虫在墙内蹿来蹿去的声音，她意识到万物都是转瞬即逝的——我们居住的建筑物看似永恒不变，却常常掩盖了这一事实，毕竟，这些建筑物对于人类的寿命来说，仿佛永远屹立不倒。[15] 虫灾也让我们对昆虫的一种原始恐惧浮出水面——它们成群结队，其数量远远超出了我们的理解和控制范围。许多人在童年就是因为与昆虫的这种遭遇而受到了创伤：夏末突如其来的成群飞蚁，或是突然出现在面前的蜂巢。

2013—2014 年，德国斯图加特大学的计算机设计与建筑学院和建筑结构与结构设计研究所合作建造了一座科研展亭，对甲虫特有的集群行为进行了研究。该展亭由生物学家、古生物学家、建筑师和工程师组成的多学科领域团队建造，是通过对甲虫鞘翅（纤细的翅膀和柔软的腹部的保护壳）材料特性的深入研究而开发的。这些嵌入蛋白质基质的几丁质纤维被研究小组确认为一种高效建筑形式的理想模型。研究小组开发了一种双层模块化系统，它由涂有树脂的玻璃纤维细丝组成，并由两个定制的机器人编织在一起。机器人最终制作了 36 种独立元素，创造了一座 50 平方米的展亭，其重量仅为 593 千克。[16] 该展亭作为仿生建筑的典范而广受赞誉，其精致的材质与其坚固的结构形成鲜明对比——这正是甲虫鞘翅结构的真实写照。[17]

2013—2014 年，由阿希姆·门格斯、莫里茨·德斯泰尔曼、扬·克尼佩尔斯和托马斯·奥尔在斯图加特大学设计的丝状展亭

　　尽管有机的仿生展亭十分引人瞩目，但它与其他很多仿生学建筑的案例类似，无法掩盖其完全由人工建筑材料构成的本质。展馆最初的灵感仅仅是甲虫的一个碎片，它被分离出来并探究其对人类的实用性用途。甲虫难道不应该是各个结构的总和、一个有生命的机体，而不仅仅是一种新型结构力学的模型吗？也许，甲虫创造的独特建筑，如粉蠹、家天牛和报死虫制造的隧道网络，也可以作为建筑与昆虫生命相适应的场所。不必担心这些微型挖掘会破坏珍贵的结构材料：如前所述，甲虫通常需要几十年甚至几百年的时间才能将木

材破坏至无法修复。我们可以对木质框架进行重新配置，以便与甲虫共存，甚至可以让它们的微观建筑清晰可见，这样就可以对其进行管理，而不只是感到恐惧。而且，与其说《尼尼微》中的甲虫群是一种威胁，不如说它们创造了一种神奇的空间形式，将我们这些地球生物的生活经验和幻想中的事物联系在了一起。

蜘　蛛

在以甲虫为灵感的丝状展亭建成一年后，斯图加特大学又建了另一座以节肢动物为灵感的展亭——一个完全由工业机器人将碳纤维打印到 EFTE 薄膜背面的结构。这个仿生亭的灵感来源于唯一能够生活在水下的蜘蛛——水蛛（*Argyroneta aquatica*），它们的身体上附着着装满了氧气的气泡，以保证水下持续的氧气供应。[18] 虽然这座展亭像它的前身丝状展亭一样，仅仅是一种自然现象的美学表现，但它重点突出了如何因地制宜地施工，就像水蛛在它那变换莫测的水下栖息地一样。

蜘蛛在各种环境中都能生存，广布于世界各地（除了极地）。俗话说"你和老鼠之间的距离永远不会超过 2 米"，其实这句话用来形容蜘蛛可能更为贴切。目前，已被发现的蜘蛛有 4 万种（并以每年数百个新种的速度增加），所有这些蜘蛛都会结出某种形式的网来捕获猎物——通常是昆虫。[19] 蛛

斯图加特大学计算机设计与建筑学院和建筑结构与结构设计研究所创建的科研展亭

网中较为常见的是球状网，它看起来像自行车车轮或飞镖靶盘。但实际上蛛网的形状是多种多样的，有三角形、片状、团状、漏斗状、管状、蕾丝状和钱包状。所有蜘蛛都通过腹部的腺体分泌的丝来织网。千百年来，人类对园蛛属制造的蛛网进行了仔细观察。首先，园蛛用蛛丝将两个固定的点连接起来，随后围绕着第一条蛛丝的中心点搭建框架，添加辐射状和螺旋状元素。然后，园蛛从蛛网的边缘移动到中心，将辐射状元素的距离拉得更近，以便给整张网提供更多的结构强度。越靠近中心的蛛丝越粗且越结实，这里通常是园蛛捕食猎物并进食的地方。[20]

蜘蛛不仅因其精湛的织网技艺而受到钦佩，也产生了一大堆相互冲突的象征意义，其中有许多通过奥维德于公元前 8 世纪创作的长篇叙事诗《变形记》中吕底亚织女阿拉克涅的著名故事体现出来。阿拉克涅在织布技艺上战胜了密涅瓦女神，然后她被恼羞成怒的女神变成了蜘蛛。[21] 因此，蛛网可能是人类创造力的直接象征，因为人们知道，在创造性工作上投入的努力通常是毫无意义的——工作本身往往是脆弱而短暂的。在现代，蜘网中心的蜘蛛形象既象征着"伟大建筑师的命令之手"，也象征着粗心大意之人可能落入的陷阱（在蜘蛛与蛇蝎美人的联系中表达得最为强烈）。[22] 而今，互联网和万维网的出现为蛛网提供了有力的技术隐喻，不过后者的发明者蒂姆·伯纳斯·李爵士在 2007 年对这一说法提出了抗议，因为他发明的虚拟网络并没有中心点或者控制者。[23]

蜘蛛织网的方式一丝不苟，再加上蛛丝具有非凡的结构特性（据说其韧性几乎与钢筋一样强），这让蜘蛛长期受到人类设计师的关注。德国建筑师弗雷·奥托在 20 世纪下半叶开创了轻量化建筑的先河，他设计的建筑采用了缆网、天幕、充气结构和网壳结构。[24] 1972 年，他为慕尼黑奥运会设计的建筑采用了轻型拉膜结构，据说就是受到了蛛网的启发，建筑优雅地覆盖在体育场馆上，从高空俯瞰，仿佛蜘蛛结成的网。近来，生物工程师们尝试在神经外科手术中使用蛛丝作为缝合材料，以修复受损的神经纤维；而艺术家贾里拉·埃塞迪的"2.6 克 329 米 / 秒"计划旨在将蛛丝矩阵植入人体皮肤，使皮肤可以防弹。如果说这些实验看起来像是科幻小说中的情节，那么所谓的"生物钢羊"则将梦幻变成了现实。这种转基因山羊由美国陆军和加拿大尼克夏生物技术公司共同开发，它的乳汁中能产生蛛丝蛋白，提取此蛋白后可以将其编织成超级纤维，用于制造轻型防弹衣。[25]

出生于阿根廷、现居柏林的艺术家托马斯·萨拉切诺用蜘蛛来制作他的系列作品《混合蛛网》。萨拉切诺使用专门设计的玻璃盒子，将几种不同种类的蜘蛛放在一起，让它们共同编制一张三维蛛网，然后用机器扫描这张网并重建了模

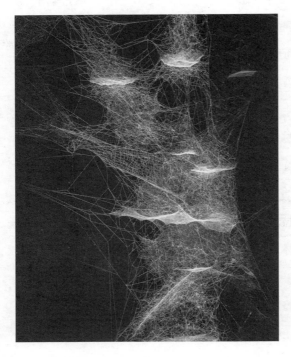

托马斯·萨拉切诺的作品《混合蛛网》（2019 年），展出于威尼斯双年展的蜘蛛／网络馆，由拉尔夫·鲁戈夫策划

型。对萨拉切诺来说，蛛网具有宇宙意义：观察蜘蛛的工作不仅可以建立一个"环境关系及其脆弱程度"的模型，也可以建立早期宇宙的模型，即"宇宙纤维状结构与蛛网之间的类比"。[26] 2018 年，萨拉切诺在法国巴黎的东京宫展出了迭代76 次的《混合蛛网》装置作品。此外，在欧洲引力天文台实时音频流产生的震动的刺激下，500 只活蜘蛛在建筑巨大的内部空间编织蛛网。这是一次实验，其目的是看看能否将数百万年前的黑洞碰撞产生的频率（由天文台探测到）转化为蜘蛛的某种特殊编织方式。在同一场展览中，作品《宇宙纤维状结构上的星系，犹如蛛网上的水滴》展示了一个由纵横交错的弹性细线布置的房间。参观者可以躲避这些线，或者使它们振动，形成一首合奏乐曲。[27] 这些与蜘蛛有关的艺术品的设计初衷是鼓励，或者说迫使参观者去"反思个体在无限生存空间内所处的位置，从微小的尘埃粒子和蛛网的振动，到宇宙中星系的碰撞"[28]。

　　萨拉切诺的沉浸式装置作品表明，建筑环境，甚至整座城市都可能被彻底重塑，并形成相互关联的网络，任何一个人的行为都会对另一个人的行为产生影响。这也反映了 20 世纪设计思想的一个分支，即技术有望减少人类建筑对非人类世界的影响。理查德·巴克敏斯特·富勒的"网球格顶"或许是这一观点最有力的体现，但它也存在于一些思辨性项目中，如弗雷德里克·基斯勒的"太空城"（1925 年）和建筑电讯学派"活生生的城市"（1963 年）展览。在展览中，戴维·格林和迈克尔·韦伯展示了一个巨大的网状结构，它被称作"物体"，悬浮在一座荒凉的城市上空。在他们的想象中，这个三角形的空间框架最终将环绕整个地球，这与现代主义设计愿景——建筑摆脱固体材料不谋而合：一种没有墙壁或地基的新型浮动建筑，将为社会生活创造全新的可能性。[29]

在 1972 年出版的《看不见的城市》一书中，伊塔洛·卡尔维诺对屋大维娅城的想象体现了另一种不同的幻想思维。在这座"蛛网城市"中，一张网横跨两座山之间的悬崖峭壁，既是屋大维娅城的通道，也是这座城市的支撑。屋大维娅城没有拔地而起，而是悬挂在网下，"绳梯、吊床、像麻袋一样的房子、衣服、衣架、像小舟一样的露台、革制水袋、燃

由寻常有限责任公司呈现的蛛网城市，它将伊塔洛·卡尔维诺的《看不见的城市》（1972 年）中的城市屋大维娅城可视化了

气喷嘴、口水、串篮、送菜升降机、花洒、秋千和儿童游戏环、缆车、吊灯、带蔓生植物的花盆"纠缠在一起。屋大维娅城是萨拉切诺技术先进的空中装置的蒸汽朋克版本，提醒人们注意人类的脆弱性和建筑环境的不确定性。[30] 伦敦设计工作室寻常有限责任公司将卡尔维诺笔下的城市形象化为蜘蛛城—— 一座悬浮在构造断裂带上的大都市。在这里，蜘蛛保护着城市，使其免受地震的侵袭，它们将蛛丝结在悬浮的居住单元周围，创造出一张巨大的保护网。[31]

　　虽然上文将蛛网与令人安心的保护相提并论，但人们通常将蛛网与诱捕和窒息联系在一起，这两种观点形成了鲜明对比。在世界上的 4 万多种蜘蛛中，只有 20 多种蜘蛛会对人类真正构成威胁，但蜘蛛恐惧症十分常见。人们认为，蜘蛛引起的普遍厌恶感源于我们远古祖先的焦虑，更具体地说，源于他们对黑暗和危险的恐惧。[32] 西格蒙德·弗洛伊德的学生卡尔·亚伯拉罕认为，蜘蛛恐惧症的心理根源在于患者害怕被母亲包围和吞噬。[33] 蜘蛛恐惧症患者常说蛛网会让他们产生窒息的感觉，有些蜘蛛恐惧症患者担心令他们神经质的蜘蛛会回过头来注视他们。还有一些图片呈现了大片散布的蛛网，同样让人心生恐惧，这在某种程度上也反映了少数几种社会性蜘蛛实际上是如何结网的。约翰·温德亨姆的最后一部小说《蛛网》（1979 年出版的遗作）设定了一座被蛛网笼罩的偏远小岛，岛上的蜘蛛似乎被附近原子实验的沉降物

2017 年曼彻斯特科学与工业博物馆中的装置作品《胶带》，由克罗地亚-奥地利艺术团体"纽曼／供使用"创作

辐射，变异为杀人狂魔。[34] 同样，1977 年的电影《蜘蛛王国》描述了美国一座偏远的沙漠小镇被杀人魔狼蛛所占领的故事，最后令人不寒而栗的是，整座山谷都被笼罩在巨大的蛛网之下，小镇上最后仅存的居民也被蛛网包围。

　　装置作品《胶带》重点呈现了人类对蛛网的矛盾反应。《胶带》由克罗地亚-奥地利设计团体"纽曼／供使用"创作，并于 2009—2019 年在世界各地的城市巡回展出。《胶带》由半透明的隧道组成，隧道则由一层又一层的黏性胶带和塑料制成。无论是在装置的内部还是外部，每一次迭代都有微妙的不同，以适应不同的空间。2017 年 10 月，我和 9 岁的女儿一起在曼彻斯特科学与工业博物馆的一座 19 世纪早期的旧仓库中观看了作品《胶带》。在这里，《胶带》是由漏斗状蛛网结构组成的，尺寸如人体大小，旨在为参观者呈现"蜘蛛眼中的世界"[35]。然而，无论在哪里重新创作，艺术家们都会巧妙地改变它的内涵。例如，在维也纳（2009 年），它展示了一群舞者的舞蹈；在法兰克福（2010 年），它旨在促进社区合作；在巴黎（2014 年），它代表着回归原始状态；在得梅因（2017 年），它是直线型现代主义空间中的寄生有机结构。[36] 我在曼彻斯特对它的体验既是解放也是禁锢，既是脆弱也是力量，既是安全也是幽闭恐惧。凭借其天然的材料和施工方法，《胶带》将我们从对蛛网的理性赞美拉回一个更加矛盾的象征性世界，这个世界自蜘蛛选择与我们共处以来就一直存在。每时每刻，几乎在每一个空间，蜘蛛都在建造自己的"微型禁锢与谋杀之屋"——它们就存在于我们身边。

蚂　蚁

就物种多样性而言，甲虫和蜘蛛可能是物种数最多的节肢动物，但从数量上来看，蚂蚁（蚁科）无疑才是最成功的节肢动物。据估计，地球上存活的蚂蚁总重量相当于所有昆虫的总重量；另据估计，如果地球上近 80 亿人类的总重量为 3 320 亿千克，那么 10 000 万亿只蚂蚁的总重量则为 400 亿千克。[37] 蚂蚁的体形很小（体长从 0.7 毫米到 30 毫米不等），但它们是庞大的集群——实际上是超级有机体，最大的蚁群由数千万只个体组成，相当于昆虫的巨型城市。

蚁群隐喻着人类社会的各种矛盾。如果说有些人将蚁群视为乌托邦世界的缩影——以近乎完美的效率运作的等级社会——那么另一些人则将蚂蚁机器般的行为比喻成一面镜子，它隐喻着人类生活机械化的反乌托邦噩梦。还有人对蚂蚁侵占空间的能力（就像甲虫）感到恐惧。我童年的大部分记忆都已经遗失，但有一件事仍然令我印象深刻：1977 年的电视电影《发生在莱克伍德庄园》（又名《蚂蚁惊魂》）中有这样一个场景：三个不幸的人困在一座被杀人蚁侵占的房子里，后来他们意识到，试图将蚂蚁从身体上移除只会让这些昆虫变得更具攻击性，于是决定尽量保持不动，用长纸管呼吸，任由蚂蚁蜂拥而至。

就像甲虫一样，蚂蚁也能让我们注意到建筑物内隐藏的空间——只能通过想象来感知的微观世界。在卡尔维诺的短篇小说《阿根廷蚂蚁》（1960 年）中，一对年轻夫妇终于拥有了自己梦想中的房子，却发现房子里到处都是小蚂蚁。他们最终意识到，自己根本无法消灭这些不速之客，一家三口安定生活的梦想也随之破灭。原来，"表面光滑坚固的房子实际上布满了裂缝和孔洞"[38]。在这篇小说里，蚂蚁的微型世界揭示了建筑本身隐藏的真相，即维特鲁威的"坚固"这一古老理想实际上可能只是一种幻觉。卡尔维诺笔下的蚂蚁还打破了建筑内部和外部的区别，这与现代主义建筑师所追求的和谐正好相反："昆虫仿佛形成了不间断的面纱，从数以千计的地下巢穴中钻出，以厚重、黏稠的土壤和低矮的植被为食。"这些生物对我们的建筑屏障无动于衷，是"像雾和沙一样的敌人"。[39]

与白蚁、蜜蜂和黄蜂一样，蚂蚁也是一种社会性昆虫，它们建造或挖掘蚁巢，蚁巢的寿命通常与定居的蚁后的活跃期一样长（有时长达数十年）。地下蚁穴可以发展得非常大，例如，蚂蚁生物学家沃尔特·津克尔制作的栗红须蚁巢穴的石膏模型比人还高（他用自己的身高作为对比进行演示）。[40]这个模型的外观有点像水母，它显示了许多相互连接的长隧道，这些隧道连接着用于抚养幼虫和堆放废物的房间。2012年，人们在巴西发现了一个由数百万只切叶蚁建造的巨大巢穴，该巢穴已被遗弃。[41]随后，人们在巢穴中灌入混凝土，待混凝土凝固后，对地下城进行挖掘，以揭示蚂蚁建造的各具特色的密室和相互连接的隧道。与英国艺术家蕾切尔·怀特雷德的雕塑作品类似，这种浇铸过程揭示的是建筑的缺失构造——支撑材料之间的空间。空间倒置后，蚂蚁群落看起来就像一座奇幻的有机建筑，与 H. R. 吉格构思的"异形"系列电影中的骨状结构并无二致。

蚂蚁的建筑经常被拿来与人类同等规模的建筑相比较，巴西挖掘出的切叶蚁巢穴被描述为"蚁穴中的长城"。[42]人类密集的居住区，尤其是大城市，经常被批评家描述为人类的

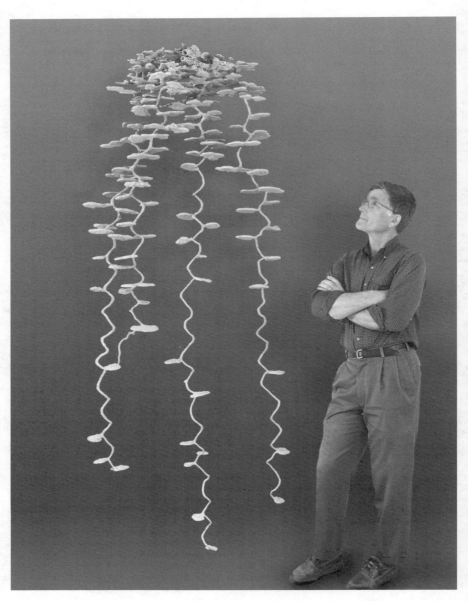

沃尔特·津克尔于 2006 年创作的粟红须蚁巢穴模型，他以自己为参照物，展示蚁穴的大小

蚁穴。19 世纪晚期的美国博物学家亨利·麦库克则将蚂蚁的巢穴与古埃及的金字塔进行了比较，计算了这两种建筑的体积与建造者体型之间的关系。他的结论是，在蚁穴面前，城市相对于农村的宏伟简直不值一提。[43] 蚂蚁建造复杂大型结构的能力让人们对其集体智慧的力量产生了想象。索尔·巴斯在 1974 年上映的科幻电影《第四阶段》中借鉴了冷战妄想症、反向殖民和科学的傲慢等不同主题，将蚂蚁表现为不择手段的战争贩子。电影呈现了亚利桑那州沙漠下的一个跨物种地下蚁群，巨大的蚁后受到了一种未知外星智慧生物的影响。它的超级蚁群开始攻击其他天敌，包括被不幸命名为"天堂城"的城市（沙漠中的一个半成品开发项目）居民。其中一位名叫肯德拉的年轻居民得以逃脱，并加入了一个由两人组成的科学小组，来到一个研究站工作。这个研究站就在蚂蚁建造的泥塔群旁边，每座泥塔都有一个三角形的开口，与天空成一定角度。当这些泥塔被一位科学家摧毁后，蚂蚁采取了报复行动，它们建造了镜子，将阳光反射到研究站上，导致研究站过热，科学设备出现故障。最后，蚂蚁的最终意图被揭示出来——渗透人类的思想。肯德拉从地下蚁穴的一个密室中的沙子里爬了出来，并作为受外星人控制的对象而开始新生活。这部影片以迪克·布什的摄影而著称，他使用微距镜头展示了蚂蚁的生活：我们通过它们的复眼"看到"自己，狭小的活动空间也被放大到人类生活的比例。蚂蚁甚

迪克·布什的《第四阶段》（1974 年）中的场景，展示了蚂蚁在外星智慧生物的影响下建造的泥塔

至会通过打印机绘制的建筑图纸与科学家交流：一个圆点位于一个圆圈中，圆圈的外面是一个方形，它们分别代表人类主体、研究站和外面的蚂蚁世界。

蚂蚁能够绘制建筑图纸的想法看似荒谬，但它反映了人们对蚂蚁能力的迷恋：它们能够在没有蓝图或控制系统的情况下建造复杂的结构。研究人员已经证明，蚂蚁建造巢穴的组织工作是通过每个个体分泌的信息素来实现的，信息素会刺激其他蚂蚁执行特定任务。一些热带军蚁把自己的身体当作建筑"砖块"：它们过着"流浪生活"，每天晚上，它们会聚集在一起，围绕着蚁后建立一片有生命的营地；它们还会把自己的身体连在一起，搭成桥梁或木筏，以抵御洪水。蚂蚁还善于处理建筑材料，无论这些材料是沙子、泥土，还是黏土。人们观察到一些蚂蚁可以制造"砖块"——这是一些空心小球，由它们强有力的下颚拼接在一起，就像人类居住区的传统泥土建筑一样。[44] 在任何情况下，蚂蚁巢穴的形态都是通过连续不断的沟通链而形成的。于是，组织结构的更高层级从下方浮现出来。[45]

长期以来，蚂蚁的社会组织结构一直让儿童痴迷。专门设计的蚂蚁农场自 19 世纪以来一直是很受欢迎的玩具（在许多国家至今仍然如此）。传统的蚂蚁农场由装满泥土的玻璃盒子组成，蚂蚁会在里面挖掘通道，构筑人工蚁穴，这无疑让孩子们陶醉其中。建筑师们也建造了蚂蚁农场。例如，零壹城市建筑事务所的"向蚁群学习"项目探索了如何将蚂蚁的建筑实践应用到人类建筑中。[46] 实验性的蚂蚁农场装置可以让人们对蚂蚁挖掘隧道的行为进行细致观察，揭示它们在使用空间时如何创造空间。这种将建筑和居住直接等同起来的做法一直是建筑师们的梦想，他们希望在形式和功能之间找到一种真正的有机关系，但这种做法通常会导致一种高度主观和个性化的建筑方式，与蚂蚁自下而上集体建造的能力完全不符。1∶1 工作室的装置作品《城市蚂蚁农场》（2015 年）是对蚂蚁建筑行为的颠覆性诠释。在这里，数百只西班牙蚂蚁被允许"入侵"一张按比例绘制的鹿特丹地图，通过玻璃之间的沙粒创造出它们自己的道路和隧道景观。[47] 蚂蚁在现

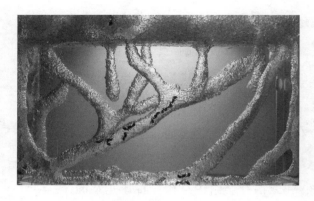

由零壹城市
建筑事务所创造的
蚂蚁农场，它是装
置作品《向蚁群学
习》的一部分

有的"城市"中创造了一座无政府主义的"反城市"——一座不受任何权威控制的自治迷宫。

蚁群是一个高度组织化的集体，是人类观察和模仿的动物社会模型，也是人类中心主义建筑的破坏者，这三者之间的紧张关系是人类与这些昆虫接触的特征。当孩子观察蚂蚁农场的社会组织时，他们会幻想自己掌管着一个微型王国，并成为自己世界中的巨人。[48] 但是，蚂蚁农场也表明，昆虫可以完全无视人类强加给世界的秩序，人类扩张和保护边界的冲动在蚂蚁的行为中得到了反映。这些昆虫或许体形微小，但近距离观察，就如电影《第四阶段》中所展示的那样，用夏洛特·斯莱的话说，"是我们人类处于蚂蚁的感知门槛之下，而非相反。它们在地球上钻来钻去，人类在它们的视线中微不足道"[49]。

哥伦比亚艺术家拉斐尔·戈麦斯巴罗斯自 2008 年起创作的"占据房屋"系列作品颠覆了蚂蚁特有的微缩景观。这些作品汇集了 3 000 多只巨型玻璃纤维蚂蚁，它们作为装置被安装在世界各地著名城市建筑的外墙上和画廊里。每只蚂蚁都由两个人类头骨形状的模具制成，象征着全球化之后人类社群被迫流离失所、背井离乡的景象。[50] 巨蚁还让我们重新认识到人类对蚂蚁和其他昆虫侵扰的恐惧。它们提醒人们注意，移民流动常常被描绘成一种非人的侵扰——一种不受欢迎的入侵。通过放大蚂蚁并让它们攻击建筑，戈麦斯巴罗斯也提醒我们，人类看待世界的方式与其说是一个事实问题，不如说是一个视角问题。巨蚁撼动了我们对空间本身性质的假设。它提醒我们，在我们所能看到的城市之下，还有无数看不见的城市，无论这些城市是由人类建造的，还是由其他生物，甚至是外星生物建造的。

黄　蜂

同蚂蚁一样，蜜蜂和黄蜂等社会性昆虫也可以在没有等级控制的情况下建造复杂的结构。虽然蜂巢与人类建筑之间的关系备受关注，但胡蜂科建造的纸巢也展示了其毫不逊色的工程能力。泥蜂科和方头泥蜂科通常是独居的，它们用泥土建造不太复杂的结构，如管道、土丘等，以保护它们的后代，使其免受天敌的伤害。很多黄蜂的巢，无论是纸巢还是泥巢，都筑造于人类建筑物的外面或内部。纸巢通常出现在无人居住的住宅空间，如顶楼或阁楼；而泥巢则可能出现在几乎任何可用的空间：窗帘后面、墙壁上、门廊、谷仓内、桥下，甚至是喷气式飞机的发动机内（已知曾多次造成致命的坠机事故）。

最引人关注的是胡蜂科建造纸巢的方法。当一只独居的蜂后在春天从冬眠中苏醒过来，寻找到合适的地方筑巢时，一个巢的筑造就开始了。蜂后从任何可利用的木材表面刮下木浆，混入自己的唾液，制造出一根悬杆，并在悬杆上筑起第一批六角形的巢房，用于孵化最初的十几只幼虫。如果蜂后特别幸运的话（只有约 0.01% 的早期筑巢尝试能获得成功），它所筑成的高尔夫球大小的蜂巢，最终将演变成一个由成千上万的不育雌性工蜂（雄性后代在数量上要少得多，且只为提供精子而繁育）筑成的沙滩球大小的巢穴。黄蜂的巢与蜜蜂不同，蜜蜂的巢可以维持多年，甚至几十年，而黄蜂的巢一般只使用不到 6 个月，大多数蜂巢会被其他动物吃掉，或者很快被大自然摧毁。黄蜂巢的外部保护结构一般由一层层纸浆糊成，底部通常有一个入口，里面是幼虫的六角形巢脾。巢脾向下排成行，由一根根柱子支撑，它们是对蜂后建造的第一根悬杆的复制，整个蜂巢就固定在那根悬杆上。[51]

2016 年，意大利生物学专业的学生马蒂亚·门凯蒂为一群造纸胡蜂提供了彩色纸张来筑巢。当胡蜂建完一排巢脾时，他就用另一种颜色替换这种颜色，最终得到了彩虹般的蜂巢，使我们注意到蜂巢的增量阶段。[52] 不同的颜色也呈现了胡蜂作为个体和集体是如何进行建造的。胡蜂个体收集和制作木浆，但一旦它们将木浆带回蜂巢，它们与蜂巢的感官接触就决定了它们在哪里以及如何使用这些木浆。让研究人员感到困惑的不仅仅是六角形巢脾的数学精确性：每个巢房都是根据其在巢中的相对位置而弯曲的，巢的整体形状也会随着工蜂对外界气候条件的感受而改变。动物研究者盖伊·泰劳拉兹观察到，当胡蜂决定建造一个新巢房时，它们会利用触角，感知巢脾外周现有巢房的局部结构所提供的信息。在确定了胡蜂遵循的规则后，泰劳拉兹和他的同事埃里克·博纳博利用计算机生成了一套类似的建造规则模型，证明了只需对决

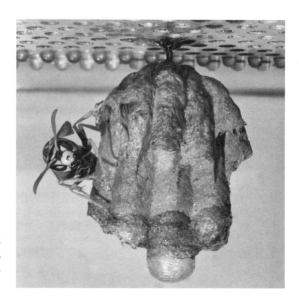

2016 年，造纸胡蜂用马蒂亚·门凯蒂所提供的彩色纸张筑成的彩色蜂巢

WASP 设计的房屋，房屋泥墙是 2018 年在博洛尼亚使用"Crane WASP"3D 打印机制作的

定性参数做很小的改变，就能创造出丰富的建筑多样性。[53]

　　这种对黄蜂建筑行为的观察研究通常被称为"群体智能"，这种理论提出了一种建筑的可能性——建筑不是基于蓝图和等级控制，而是因地制宜地考虑建筑物所在地的条件。[54]这样，建筑就能在建造与使用过程中不断适应和变化，使得它们以传统建筑环境中无法实现的方式伸缩和变形。例如，WASP 公司建造了巨型 3D 打印机，用于制造房屋等大型建筑。2018 年 10 月，他们与 MCA 建筑事务所在博洛尼亚共同开发了一个小屋原型，它是由特制的"Crane WASP"3D 打印机用泥土打印出来的。[55]小屋弯曲的墙壁从黄蜂那里汲取了灵感，计算机程序根据当地条件对其形状进行了优化。目标更为远大的 TECLA 项目旨在使用多台 3D 打印机，在世界任何地方建造整座生态城市。人们普遍认为，用本地采集的泥土打印建筑，比提前制造材料并将其运输到建筑工地更符合生态保护需求。[56]

TECLA 的名字灵感来自卡尔维诺《看不见的城市》中的一座幻想城市。这是一座永远处于建设中的城市，一座由脚手架、悬挂在绳索上的木质人行道、梯子、支架和金属衔铁组成的城市。正如卡尔维诺所说，来到这片永久性建筑工地的访客很可能会对其意义感到困惑，他会疑惑为何没有能让这座城市最终完工的蓝图。只有在日落时分停止施工时，答案才会出现："黑暗笼罩着建筑工地。天空中繁星点点。'这就是蓝图。'它们如是说。"[57]卡尔维诺想象中的城市强调了人类追求完美的荒诞性。WASP 公司可能会想象他们的 3D 打印机是在模仿黄蜂的建筑行为，却忽略了机器是完全由人类设计的程序控制的。假设黄蜂就像一台机器，实际上只是人类把自己的理解强加给了他们最终无法理解的动物行为。

余丽莉的短篇小说《马蜂和无政府主义蜜蜂》（2011 年首次发表）对黄蜂与人类之间的相互影响进行了更深入、更奇异的想象。故事的开头，生活在中国一个村庄里的男孩打破了当地黄蜂与人类之间长久以来的休战协议，向蜂巢扔了一块石头，并最终自食其果。然而，被击落的蜂巢揭示了一个非同寻常的秘密：黄蜂的纸巢在热水中浸泡后，"会展开来，成为精美而准确的远近省份地图，用植物颜料涂染，并用文字仔细标注，在显微镜下就能分辨出来"[58]。当黄蜂离开村庄建造新巢时，它们与附近的蜂群（相当于动物中的旧政体）产生了冲突。黄蜂发出了"要么合作，要么灭亡"的典型帝国通牒，将一些蜜蜂收为奴隶，并开始计划下一次征服，同时训练被囚禁的蜜蜂，让它们在蜂巢的宏大图书馆里学习制图学。最终，黄蜂的统治被一只"无政府主义者"蜜蜂破坏了，这只蜜蜂将自己的反权威政治主张偷偷带进了蜂巢，并鼓动其他蜜蜂加入它的事业。在最后一个幸存的黄蜂巢被一个当地女孩偷走后，无政府主义叛变者们幸存下来；第二年春天，蜜蜂苏醒过来，发现另一个无政府主义蜂群已经在用蜡密封的书页上刻下了革命的文字。

这个故事中的拟人手法与 WASP 3D 打印机对群体智能的模仿截然不同。这个故事用黄蜂和蜜蜂等社会性昆虫的生活来隐喻人类的各种社会组织，它并不像生物仿生学那样，认为人类产品可以具有其他生物的特征；相反，它认为不管昆虫居住在什么样的生活世界，只有通过创造性的想象模式，将两种截然不同的现实融合成一种新的复合现实，才能进入这个世界。正如本书导言中所概述的，这种强调将想象力作为联系工具的观点，正是物导向本体论的核心所在。余丽莉的故事通过创造黄蜂与人类的"新复合现实"，让我们可以想象生活在蜂巢中的情景。实际上，这个奇特的故事加深拟人化，正是为了超越拟人化。[59]

研究黄蜂巢本身的性质，尤其是它们与人类空间和结构之间的关系，也可以在彼此之间建立隐喻联系。黄蜂蜂后会在它们认为安全的任何地方筑巢。除了偏爱顶楼和阁楼，黄蜂巢还在废弃的汽车和玩偶屋内，以及废弃的床上、梯子上，甚至沙发边上被发现。其中一个最令人震惊的例子是 2014 年在一个棚子里被发现的：一个废弃的虎头蜂巢居然直接建在人头木雕下面。[60] 纸巢包围着周围的木材，就像一个被石化的尖叫的人类受试者——就像约翰·卡朋特的电影《怪形》

建造在人头雕塑下的虎头蜂巢，发现于 2014 年

中的变异尸体一样怪异和恐怖。这个特殊的例子有力地传达了黄蜂建筑的异形特征，即黄蜂对人类建筑空间的需求，以及它们对人类需求和欲望的完全漠视。于是，害虫防治专家经常利用这样的图片向恐惧的房主推销他们的服务。然而，还有另一种可能的回应，那就是把这种人类和非人类的结合作为一个丰富的场所，来展开一种全新的关系，无论这种关系是否会让我们深感不安。

事实上，其他物种并不像人类那样不公正地对待黄蜂的巢。在美国，位于墙壁和桥下的泥蜂巢经常被家燕使用，因为它们能牢固地附着在垂直的混凝土表面，而加纳的白颈岩鹛则经常直接在泥蜂巢上筑巢。[61] 这些案例说明，非人类建筑总是善于利用周边事物，而不是像人类建筑，尤其是现代建筑那样从零开始。尽管很难想象黄蜂的巢对我们有什么用处，但对建筑的相互融合持更加开放的态度，也促使我们重新思考人类建筑师与"超人类建筑师"之间的关系。

蜜 蜂

毫无疑问，蜜蜂是所有社会性昆虫中最受人类喜爱的，这主要是因为它们对人类来说非常有用。至少在 4 500 年前，人类就开始在人工蜂巢中饲养蜜蜂，以收获蜜蜂所生产的蜂蜜，这种畜牧业形式被称为养蜂业。在所有昆虫中，实际上是在除人类以外的所有动物中，只有蜜蜂可以利用外部元素制造产品。与蚕丝或牛奶不同，蜂蜜的整个制造过程都是由蜜蜂独立完成的。它是用采集到的花蜜制成的，花蜜通过蜜蜂个体间口对口的传递过程降低了含水量，从而转化为蜂蜜。据估计，如今仅在美国就有 259 万个人工蜂群，每个蜂群平均年产蜂蜜 31.8 千克。[62]

在养蜂业，已经诞生了各种各样的蜂箱。前现代的蜂箱一般有两种形式——这取决于当地的气候。在干旱地区，蜂箱由晒干的泥土、木材、柳条和砖块等材料制成；蜜蜂在蜂箱内通常从一个固定点开始垂直筑巢。立式蜂箱是在北欧的森林地区发展起来的，那里的野生蜜蜂通常在树干的凹陷处筑巢。这些人工蜂箱一般是钟形的，由稻草或柳条编织：只要将其提起，养蜂人就能简单地割下里面的巢脾。这两种前现代蜂箱设计的最大缺点是采蜜时破坏了蜜蜂建造的蜂房。在野外，蜂群可以单独存活很多年，蜂巢中存活的蜂群每年都会紧紧地团在一起越冬，以产生足够的热量来维持蜂后的生命，如果幸运的话，它们自己也能存活下来。

现代的蜂箱则更为合理，通常设计为箱形结构，带有悬挂式可移动的巢框和水平箱盖。这种现代蜂箱可能是由美国牧师 L. L. 兰斯特罗思于 1851 年发明的。[63] 这一创新不仅能使蜂蜜在不破坏巢脾的情况下从蜂箱中被取出来，还能使整个蜂群得到仔细的观察和照料，从而在数年（有时甚至是数十年）内保持健康。此外，蜂箱的层数也可以增加，从而形成层层叠叠的蜂群，这与几十年后芝加哥和纽约摩天大楼的金属框架结构并无二致。[64]

正如建筑历史学家胡安·安东尼奥·拉米雷斯所论述的那样，蜂巢作为自然设计的典范，长期以来一直激发着建筑师的灵感。事实上，人类建造的一些建筑就是以蜂巢为原型的，世界上许多地方的原住民建造的乡土小屋，比如叙利亚北部的钟形泥屋和欧洲类似的石制建筑及粮仓等储藏设施，都是如此。[65] 反之，也有蜂箱尝试仿照人类建筑。在中世纪时期，为了容纳多个蜂群而建造蜂箱是一件很平常的事，有些蜂箱甚至带有建筑装饰，如位于格洛斯特郡哈特普里的蜂箱。[66] 如今，俄勒冈州波特兰附近的整个蜜蜂村和南卡罗来纳州蜜蜂城里的蜂箱都采用了典型的城市建筑形式，如市政厅、医院等。与此不同的是，建筑师乔伊斯·黄在 2012 年发起的"蜂巢城市"项目中，征集了蜜蜂塔楼、立方体、穹顶等思辨设计方案，这些设计构想的蓝本是通常为人类居住而建造的城市建筑。[67]

安东尼·高迪、弗兰克·劳埃德·赖特和勒·柯布西耶等建筑大师的作品中也体现了蜂巢的影子。高迪发明抛物线拱的灵感来自他对蜜蜂筑巢方式的直接观察。自 18 世纪中叶以来，养蜂学论文已经描绘出蜜蜂在野外如何将身体连接成倒抛物线拱的形状，以最终建造出悬挂式巢脾。弗兰克·劳埃德·赖特设计的斯图尔特·理查森住宅（1941—1944 年）则采用了六边形元素，其灵感也来自蜂房；这反映了赖特的

用柳条盘绕而成的传统蜂箱

理念，即人类建筑的起源在于我们祖先对动物建筑的观察。最后，勒·柯布西耶对蜂巢的诠释更为理性，例如，已完工的马赛公寓（1947—1972 年）在抽象形式上酷似一个巨大的现代蜂巢。建筑师雅各布·柯尼希斯贝格则将柯布西耶的隐喻完全照搬到了自己的作品中，1958 年，他在墨西哥城将马赛公寓转化成了蜂巢式高层建筑。

如今，建筑师对蜂巢的痴迷仍在持续，特别是在那些标榜具有生态功能的项目中。例如，路易吉·罗塞利于 2017 年在悉尼完成的蜂巢办公楼使用了回收的赤陶屋顶瓦，将其打造成纹理丰富的外墙，以模仿蜂巢调节阳光和气流的方式。[68] 吉安卢卡·桑托索索的思辨设计项目"蜂房"借鉴了人们对六边形蜂房的长期研究，认为六边形是以最少的结构支撑，将空间分割成相等部分的最有效方式，这也展示了现代主义建筑对实现完美结构效率的痴迷。桑托索索提出了一个将蜂巢转化为人类栖息地的方案，即以六边形为基础建造整个住宅区。[69] 在

较为普通的现代立式蜂巢

2017 年的 eVolo 年度摩天大楼竞赛中，出现了更具野心的蜂巢难民摩天大楼提案。这座由六边形公寓堆叠而成的高层建筑是为逃往约旦的叙利亚难民而建造的。这座蜂巢式高楼以中东的一种本土蜜蜂——叙利亚蜜蜂（*Apis mellifera syriaca*）为原型，将因内战而支离破碎的社会按照生态原则进行重建：居民将学会耕作，并像蜜蜂一样创建和谐的社会生活。[70]

尽管这些隐喻很粗糙，但它们反映了蜜蜂和人类社会组织长期以来的类比关系。自古以来，蜂群就经常被用来作为各种政治制度的"自然"隐喻。如果说君主制在以蜂后为中心的蜂巢中找到了完美的类比方式（实际上，直到 17 世纪 70 年代，蜂后还被认为是雄性），那么共和制同样将蜂群作为博爱、团结和平等的典范。在 19 世纪，英国合作社运动经常将蜜蜂和蜂箱图案用于建筑装饰与徽章中，在这种情况下，蜂箱强调了团结而勤劳的劳动者如何通过互助实现自给自足，这与他们经常受到资本家剥削的现实形成了鲜明对比。在 20 世纪，蜂箱被赋予了更多乌托邦式的政治含义：弗里茨·朗在 1927 年的电影《大都会》中，将工蜂与失去人性的劳工阶级巧妙地联系在一起，这只是人类沦为机器的众多暗黑隐喻之一。如今，乌托邦式的政治幻象依然存在（与蜜蜂作为模范生态建筑师的乌托邦模式并存），例如电视连续剧《黑镜》中的《全网公敌》（2018 年）这一集中，成群的纳米杀戮机器蜂展现了未来恐怖主义的可怕景象。

当涉及对蜂巢的理解时，那些养蜂人不能含糊其词。养蜂人总是与蜜蜂近距离生活，对蜂箱空间有着深入的了解。莫里斯·梅特林克的散文诗《蜜蜂的生活》有力地表达了这一点。在这部作品中，梅特林克想象，如果将人类缩小到工蜂大小，那么蜂巢在人类眼中会是何种景象：

> 从比罗马圣彼得大教堂还大的圆顶一直到地面，垂直的、巨大的蜡墙矗立其中，它们一般是双面的，并平行地向下延伸；巨大的几何结构悬浮在黑暗和空旷之中……每一面蜡墙都是由成千上万个巢房组成的，这些巢房中的食物足以供全体居民吃上几个星期。[71]

梅特林克将人类微型化，从而使其与蜂巢产生联系，在完全拟人化的同时，也创造了物种之间的内在认同。

2016 年夏天，伦敦邱园的实验性装置作品"蜂巢"呈现了梅特林克想象中与人类大小相匹配的蜂巢，在这个案例中，微型化的过程被逆转了。这座蜂巢建筑有 16.75 米高，并由精致的钢管组成的六角形格子网络构成，上面还装饰着数以千计的 LED 灯，播放的音乐则从活跃的蜂巢所特有的嗡嗡声中汲取灵感。灯光和音乐都是根据蜂巢内的活动来设计编排的。[72]

艺术家马克·汤普森可能会对以上这些蜂巢建筑持有

"蜂巢"由沃尔夫冈·巴特雷斯与 BDP、西蒙兹工作室合作设计。它原先是
米兰世博会（2015 年）的英国馆，后于 2016 年被移到邱园

异议，认为它们被过度净化了。汤普森的"蜂巢生活"项
目始于 1976 年，是一次体验蜂巢生活的激进尝试。汤普
森建造了一个精致的玻璃蜂巢，他可以把自己的头伸进去，
从而把自己封闭在蜜蜂的巢里。汤普森通过导管进食，坐
在特制的坐便器上，计划在蜂巢中不间断地度过三周。不
出所料，他只能在较短的时间内执行他的项目，但记录了
他的经历的照片仍然令人十分震撼，这些照片形象地展示
了蜂巢中仿佛异世界的场景，以及人类直接体验这种环境

是多么痛苦不堪。[73]

　　建筑评论家杰夫·马诺设想，如果我们加深与蜜蜂的关系，让它们对建筑环境做出贡献，会产生何种结果。马诺与设计师约翰·贝克尔一起进行了真实世界的研究，设想对蜜蜂进行基因改造，以生产一种新型生物可降解塑料，他们畅想了"一系列科幻场景，在这些场景中，一种名为水泥蜂（*Apis caementicium*）的新型城市蜜蜂物种被部署到城市的各个角落，它们可以用低成本的方式修复雕像和建筑装饰物"。最终，这些蜜蜂将脱离人类的控制，开始自主堆放材料，留下"细小的混凝土碎片……在植物和门框上，在汽车下，在铁丝网上，盘旋而上，侵蚀着建筑物，出现在本不该存在的地方"。[74]

约翰·贝克尔和杰夫·马诺对蜜蜂创造的装饰物进行了可视化，2014 年

千百年来，人类一直对蜜蜂在没有任何集中控制或蓝图的情况下进行建造的神奇能力感到惊叹。汉普郡的牧师查尔斯·巴特勒在其 1609 年关于蜜蜂的文章中讲述了这样一则逸事：一位年迈的乡下妇女发现她的蜜蜂患上了疾病，一位虔诚的朋友建议她在蜂巢里放一块圣物碎片，她照做了。过了一段时间，她打开蜂巢检查蜜蜂的健康状况，发现蜜蜂不仅康复了，还用蜂蜡建造了一座小教堂，并配有一座钟楼（还有钟）。前面提到的圣物被保存起来，放在蜡制的祭坛上，蜜蜂围着圣物和谐地礼拜。[75] 这个奇妙的故事表明，无论我们如何将蜜蜂的行为合理化，将它们纳入我们的逻辑体系，这些动物总是会继续按照它们自己神秘且奇异的愿望进行建造。

白　蚁

2017 年 11 月 23 日，进化生物学家理查德·道金斯在推特上分享了一张白蚁丘的照片，该蚁丘与高迪设计的圣家族大教堂十分相似。他表示，白蚁这座宏伟的微型大教堂是在"没有建筑师……没有蓝图，甚至没有 DNA 的情况下创造出来的。它们只是遵循自己的经验法则，就像胚胎中的细胞一样"[76]。道金斯认为这个范例验证了自己"延伸的表型"理论，即生物体的基因表达会超出其单纯的生物学界限，就像白蚁丘那样，涵盖生物个体内外的总体环境。[77]

酷似安东尼·高迪设计的圣家族大教堂的白蚁丘，由菲奥娜·斯图尔特于 2017 年在昆士兰拍摄

　　道金斯当时不知道的是，这座与著名建筑作品相似的白蚁丘是因为一次不幸的意外事故而形成的（博物学家马特·沙德洛在道金斯发布推特的第二天揭示了这一事实）。这座白蚁丘是由生活在澳大利亚的磁石白蚁（*Amitermes meridionalis*）创造的，它们通常依据南北轴线建造大型板状结构。这座土丘可能在某一时刻遭到了破坏，然后被白蚁修复，土丘顶部的高高尖顶和底部的支柱是白蚁集体努力的结果，其目的是尽快重建家园。实际上，这是一项拙劣的工作，与昆虫所期望的理想家园几乎没有相似之处。[78]

　　几个世纪以来，白蚁丘的规模和复杂性为很多人类建筑提供了类比。白蚁建造了世界上最大的非人造陆地建筑：非洲、亚洲和澳大利亚都出现过高达 10 米的白蚁丘。白蚁在地球上的数量之多（每个蚁群的个体多达 100 万只），远远超过了人类的数量，几乎是人类数量的两倍。与蚂蚁群落一样，白蚁丘也经常被拿来与人类建造的建筑相比较。3 米高的土丘相当于帝国大厦，5 米高的土丘相当于哈利法塔；最高的 9 米土丘相当于尚未实现的未来超高摩天大楼，如崔悦君于 1991 年设想的高度为 2 英里（约 3.2 千米）的终极塔楼。[79] 受到白蚁丘的外形和"工程学"（主要是通风方式）的启发，崔悦君设计的这座塔楼可以将旧金山的所有居民安置在一座防震的城中城里，这是将白蚁丘搬到人类世界的最直观的方式。

白蚁丘由数百万个细小的泥球堆砌而成，这些泥球会随着时间的推移逐渐变硬，白蚁丘的内部是一个复杂的空间网络，用于完成一系列特定的任务。20 世纪 90 年代末，生理学家斯科特·特纳将石膏注入纳米比亚一个大白蚁（*Macrotermes*）群落的白蚁丘中，从而揭示了一个错综复杂的内部空间网络。[80] 在白蚁丘下，一个个小房间像梳齿一样密布着，大白蚁在这些小房间里培养一种真菌，这种真菌可以帮助它们分解所采集的草，它们以这些草为食，并将其喂给幼虫。"真菌花园"的底部立在像钉子一样的腿上，以促进空气流通。在"真菌花园"的上方，大白蚁生活在一小块区域内，这一小块区域由幼虫的哺育室和蚁后的巢室组成。蚁

斯科特·特纳于 20 世纪 90 年代末在纳米比亚制作的大白蚁蚁丘石膏模型

后的寿命极长，它的腹部巨大而膨胀，产卵时不能移动。土丘的其余部分，也就是内部的大部分空间，则被分割成一座由交织的隧道、呈放射状分布的房间、长廊、拱门和螺旋楼梯组成的"迷宫"。这些空间的作用似乎主要是维持土丘内部适宜的气候条件，从外部吸入氧气，再从内部排出二氧化碳，其方式与人类的肺部类似。此外，最近的研究还证明了水在白蚁丘中的关键作用，白蚁用水浸泡土丘底部，以在不同季节调节蚁丘的湿度。[81]

对白蚁丘复杂循环系统的研究，对建筑产生了重要的影响，尤其是在气候危机时代，世界上许多地方的温度和湿度已经显著上升。设计师显然正在寻找能耗较低的空气调节建筑方式。1991 年，津巴布韦的建筑师米克·皮尔斯受委托设计该国最大的商业建筑——位于哈拉雷的东门中心。皮尔斯与奥雅纳公司的工程师合作，将白蚁丘想象成空气调节器，设计出了砌体隔热的建筑方案；该建筑由大型开放空间组成，不同的空间之间由精心设计的管道和烟囱网络连接。东门中心于 1996 年竣工，至今仍是仿生建筑的先锋典范，它无须使用昂贵且耗能的空调设备就能自主调节建筑物的温度。虽然皮尔斯对白蚁丘温度调节机制的理解存在缺陷，但他的建筑设计却无意中复制了白蚁的真正解决方案，即促进蚁丘透气外墙与周围土壤之间的能量传递。因此，在建筑师没有真正意识到的情况下，东门中心的混凝土地基以类似于白蚁群落的"真菌花园"的方式发挥了作用：它像散热器一样在白天温暖的时候储存热量，到了晚上则释放热量。[82]

更全面的建筑方案则是将白蚁个体和整个种群作为一个整体来考虑。2010年，作家菲利普·鲍尔在《新科学家》杂志上发表了一篇文章，根据白蚁丘的设计构想了一座未来城市，它就像有机版的终极塔楼：

> ［这座城市的］塔楼完全由可生物降解的天然材料建成。居民生活与工作的地方都装有空调和湿度调节装置，不消耗一瓦电力。水源来自深入地下的水井，食物在围墙内的花园里种植，且完全自给自足。这座大都市不仅环保，其弧形的墙壁和优美的拱门也相当漂亮。[83]

在这里，鲍尔只是用拟人化的语言描述了非洲大草原上一座真实的白蚁丘的特征——这种语言技巧在白蚁丘和人类城市之间建立了直接的对应关系。白蚁与人类之间更为平凡的对应关系，来自这些昆虫的建造方式。土丘的建造始于一只白蚁采集一个泥球，将其与唾液混合，然后扔在地上。其他白蚁被这个信号触发，也开始制作泥球，并把它们堆在第一个泥球上面；最终，这些被收集起来的泥球筑成了一堵墙或一根柱子。几个世纪以来，甚至几千年来，全世界的人类都在用几乎相同的方法建造泥土结构。例如，在英国和其他地方，小型土团建筑通常是集体建造的，每个参与者先捏出一团黏土，然后将其"掷出"，逐渐筑成一堵墙。

从这个角度来看，白蚁所谓的自发行为与人类建筑行为之间的区别，并不像理查德·道金斯在对比白蚁丘与高迪所设计的仿佛有机体的大教堂时所想象的那么明显。斯科特·特纳在研究大白蚁的建筑行为后得出结论：白蚁和土丘，或者说白蚁、土丘、真菌和细菌，都是一个整体。对于特纳来说，整体是一个"扩展的有机体"。白蚁的建筑行为并不完全由基因决定，而是来自它们对理想土丘的心理"映射"："几缕微风、完美的二氧化碳浓度、合适的湿度、光滑的边缘和坚硬的墙壁——它们建造了一座符合自己认知图景的蚁

位于哈拉雷的东门中心由米克·皮尔斯设计，于1996年完工

TERMES 机器人建造了一面墙

丘"[84]。白蚁没有大脑，因此确定这种认知的性质十分困难，但很明显，它们始终是作为一个群体来行动的：在"映射"被激活之前，它们需要一个强大的集体。

与社会性昆虫黄蜂一样，白蚁也被作为"群体智能"或共识主动性的典范进行研究，这一术语由法国生物学家皮埃尔·保罗·格拉塞于 1959 年首次提出，但直到 20 世纪 90 年代才得到广泛关注。[85] 共识主动性试图解释极其简单的生物如何通过集体协作来制造复杂的结构。尽管科学家普遍认为白蚁是通过唾液气味或信息素来实现"交流"的，但人们目前还不能确定复杂的土丘结构如何由此而产生。随后，维斯生物启发工程研究所证实了这一点，他们对大白蚁进行了研究，并开发了 TERMES 机器人，这种机器人还登上了 2014年 2 月《科学》期刊的封面。[86] 这些小型机器人能感知当地的环境，并按照预先编码的 100 多个步骤，作为一个群体进行自主建造。这项研究的出发点是寻找一种在恶劣环境中进行建造的方法，例如在火星表面进行建造，作为人类殖民火星的准备。研究结果令人震惊：一群 TERMES 机器人可以根据一套预先编码的程序，在没有人类干预的情况下建造一系列基础建筑，如墙壁、楼梯或四面建筑。然而缺点是这些机器人只能在受到高度控制的环境中进行建造——与它们所模仿的白蚁不同，它们无法灵活应对生命本身所创造的高度复杂的环境。

1934 年，南非博物学家兼诗人尤金·马莱斯撰写了关于白蚁丘的作品，虽然科学性不强，但令人回味无穷。《白蚁之魂》既是一部细致入微的自然史作品，也是对白蚁和蚁丘的赞美之歌，是探索蚁丘本身"思想"的最有力、最经久不衰的尝试之一。马莱斯的作品反映了威廉·惠勒在 1911 年首次提出的"超级有机体"观点，马莱斯称蚁丘为"复合动物"，但他比大多数人更进一步地赋予了蚁丘"灵魂"。[87] 马莱斯认为，"白蚁种群的心理机制对于人类来说，就像心灵感应一样奇妙和神秘，仿佛是超自然的存在"[88]。马莱斯的结论虽然表达得很诗意，但预示了特纳关于"扩展的有机体"的观点，在特纳看来，蚁丘本身就具有某种认知能力，我们需要"跳出人类生存的规则"才能掌握[89]，或者如马莱斯所言，需要"忘记"我们的语言，转而聆听白蚁的"喃喃细语"。[90]

将白蚁丘视为"扩展的有机体"的观点，对建筑的构思、建造和使用方式具有深远的影响。工程师鲁珀特·苏尔认为，建筑就像白蚁丘一样，永远不应该完工；相反，它应该根据居住者不断变化的需求和愿望，由居住者不断加以改造，而居住者的需求和愿望又总是与产生建筑的环境交织在一起。与一般的建筑实践相比，苏尔采用了一种更为激进的生物仿生学，他想象传统建筑将让位于一种令人不安的"活力建筑"，在那里，人们像昆虫一样与建筑环境互动，"形成社会群体，依靠生物激发的环境线索来建造和维护他们的家园"[91]。在这种极为奇特的昆虫-人类建筑环境中，无政府组织将取代自上而下的设计和规划，从而形成一个充满野性与活力的、持续变化的城市，居民与建筑紧密地结合在一起。

第二章　天际

南非摄影师狄龙·马什在他名为《同化》的系列作品中，记录了群织雀（*Philetairus socius*）在卡拉哈里沙漠南部电线杆上筑巢的各种方式。马什的作品就像贝恩德和希拉·贝歇尔夫妇的工业建筑摄影照片的动物版，它们提醒着人们，动物（尤其是鸟类）经常在人类建造的建筑上或建筑内安家落户。在马什的照片中，这些鸟巢是荒芜的沙漠景观中唯一高大的物体。[1]

这些图像也打破了人们将鸟巢作为人类亲密关系的拟人化隐喻。哲学家加斯东·巴什拉在出版于 1957 年的《空间的诗学》一书中提到了这一点。如果我们想象知更鸟或鹪鹩等鸟类用自己的身体构建鸟巢的圆形空腔，那么居住和建筑之间就建立起了直接的有机关系。鸟巢让我们联想到保护我们脆弱身体免受外来威胁的原始建筑。[2] 但是，对于善于交际的群织雀来说，这种安全感来自它们与一种截然不同的建筑的相遇：这些鸟将有机的稻草编织物组合为严格的实用建筑，创造出不稳定的混合结构，使人们注意到人类与动物需求之间的巨大差异。

在本章中，我将重点讨论来自不同科的六类鸟儿——鸽子、隼、燕子、雨燕、乌鸦和椋鸟，来思考马什对鸟类的解读，即它们与人类建造的世界之间既熟悉又陌生的关系。从整体上看，这些鸟类选择与我们生活在一起；它们被认为是非常普通的动物，几乎不在我们的关注范围之内（甚至隼在迁徙至我们的城市时也是如此）。这些物种都不会像在鸟巢研究中被广泛关注的园丁鸟、织布鸟或攀雀那样，建造壮观的巢穴。[3]燕子和一些雨燕用唾液与泥土筑巢，违背了巴什拉关于鸟巢与亲密关系的联想——这些鸟用自己的唾液建造家园，让我们感到不适。用身体建造建筑也许是真正的有机建筑理想，但当我们的身体分泌物出现在建筑中或建筑上时，这个梦想肯定会破灭。这种"身体"无疑与我们的住处息息相关，将舒适的家庭生活变成了肮脏的噩梦。

这里讨论的六类鸟儿都会在一定程度上"玷污"建筑。燕子和隼的存在非常明显，它们在外墙和高台上筑巢，而鸽子、雨燕和椋鸟则在任何可用的洞中安家。鸽子、乌鸦和椋鸟喜欢聚成大群，它们的栖息活动往往会在城市建筑外墙以及下面的人行道和街道上留下大量鸟粪，这就进一步给人们留下了肮脏的印象。即使是作为图腾崇拜对象的隼，也会扰乱我们对整洁建筑的向往：仔细观察这些鸟类选择栖息的建

狄龙·马什的系列摄影作品《同化》

筑区域，你会发现鸟粪的条痕以及它们所吞食的其他鸟类的
残骸。这些遗留物直接挑战了人们的普遍观念，即人类建造
的世界应该清除杂质，城市应该以进步的名义进行消毒。难
怪这六大鸟类家族中的许多物种长期以来一直受到迫害：鸽

子、椋鸟和燕子仍然被一些人视为"害鸟"，城市机构和有害生物防治公司以它们大量制造混乱为由，将它们赶尽杀绝。

鸟类也无视人类世界整齐划一的地理界线，对我们所谓的边界嗤之以鼻。燕子、雨燕和椋鸟等迁徙鸟类每年进行两次长途跋涉：在英国筑巢、在非洲南部越冬的雨燕的迁徙旅程长达 22 500 千米。正如博物学家马克·考克所言，这段旅程并不仅仅是往返于鸟类视之为"家"的两个相距甚远的地点，而是充满了"温馨的个体景观碎片……就像鸟类筑巢地周围的树木和环境一样亲切"[4]。这种广阔与亲密的结合，使鸟类学家无法确切了解许多鸟类的数量为何以如此迅猛的速度减少（在某些情况下比昆虫的减少速度还快）。鸟类是名副其实的世界公民，与人类不同的是，它们无法简单地长期积累经验；相反，它们全球化的生活方式也是极其本地化的——它们漫长的飞行路线上排列着屈指可数的几个关键地点。与其他动物相比，也许鸟类更能迫使人们同时在不同的尺度上思考问题，这是因为关心鸟类的福祉，就是关心它们视作家园的那些地方的福祉，无论近在咫尺还是远在天边。

鸽　子

鸽子是一种与人类伴生的物种，它们与人类亲密相处，且从中受益。所有种类的鸽子（鸠鸽科）都是原鸽的后代，原鸽原本栖息在悬崖峭壁上，它们很可能与我们的人类祖先一起移居到他们的第一座房屋里，或者说房屋上，在任何可用的壁架或隐蔽的缝隙中筑起简陋的巢穴。如今，鸽子几乎遍布世界上的每一座城市，这反映了一个事实：建筑物为鸽子提供了繁衍生息所需的适宜环境。然而，根据鸽子的不同种类，人类对这一鸟类家族的反应也大相径庭。一方面，鸽子，尤其是纯白色品种的鸽子，被尊崇为神性、纯真、和平与爱的象征；另一方面，它们的表亲，尤其是城市中的"野化"品种，则被视为"长着翅膀的老鼠"和"害鸟"，人们认为它们的酸性鸟粪弄脏了建筑物和街道，还滋生了一些疾病，如组织胞浆菌病、隐球菌病和鹦鹉热等，这些疾病都可能传染给人类。[5]

至少从公元前3000年起，鸽子可能就开始在埃及被人类作为食物来源而饲养（鸽粪还用作农业肥料）。在中东地区，最早的鸽笼是用陶罐制作的——陶罐被连接在一起，放置在鸽子已经聚集栖息的地方。从这些原始的建筑开始，多种多样的建筑类型发展起来，它们被称作鸽舍或鸽楼——由罗马作家瓦罗命名。在他的《论农业》（约公元前36年）中，瓦罗描述了罗马、佛罗伦萨和意大利乡村的各种类型的鸽舍，还提到鸽子被饲养在塔楼或房屋的屋檐下。现存最壮观的鸽舍是后来在中东和南亚建造的，如17世纪在伊斯法罕建造的华丽的大型圆形塔楼，以及在印度古吉拉特邦被称为Chabutro的建筑，这种建筑由木柱或石柱搭建而成，柱顶有一个装饰性的开放式结构，鸽子就住在里面；此外还有埃及尼罗河三角洲的泥塔——在如今的米特加穆尔等城市，高大的锥形鸽房群仍是重要景观和组成部分。[6]

英国最早的鸽舍是圆形石塔，它们源自诺曼式城堡的附属建筑，用来保护鸽子，使其免受掠食者的伤害。经过几个世纪的发展，鸽舍的种类也越来越多。英国现存的鸽舍包括八角形塔楼、正方形和长方形谷仓式建筑、四面山墙结构和半木结构建筑（如微型都铎小屋）。在后来，不管是 19 世纪埃及风格的鸽舍（位于什罗普郡的沃克斯豪尔农场），还是建于 1910 年的鸽塔（位于兰开夏郡里温顿），在设计和装饰上都超越了单纯的实用性。[7]这不仅反映了人们对鸽子的推崇，也反映了人们认为鸽子需要一定的诱惑才能留在鸽舍——因为它们可以随时离开。18 世纪的博物学家乔治-路易·勒克莱尔（即布封伯爵）认为，由于鸽子是"自愿的俘虏"，而不是像狗或马那样的驯养动物，因此它们的住所必须为其提供"生活中的一切便利和舒适"。[8]

几个世纪以来，英国和法国的法律只允许贵族修建鸽舍——这反映了鸽子作为食物来源的崇高地位，同时也说明鸽子食用谷物、刨挖幼嫩植物等行为会对附近农田造成一定的破坏。从 17 世纪开始，随着鸽肉和鸟粪的廉价替代品越来越多地出现，在英国将鸽子作为食物和农业肥料来源而饲养的做法日益减少。据报道，英国在 17 世纪有 26 000 座鸽舍，

兰开夏郡里温顿梯田花园的鸽塔，建于 1910 年

到了 20 世纪 80 年代末只剩下约 1 500 座，大多数鸽舍要么被改作他用，要么被遗弃。[9] 在大革命后的法国，许多鸽舍被摧毁，因为它们是贵族特权的建筑象征，新共和国不能再容忍这种特权。

尽管饲养鸽子以获取食物或鸟粪的做法日渐式微，但这些鸽子在另一个方面派上了用场，那就是赛鸽运动。1858年，110 只来自安特卫普的鸽子从伦敦桥上被放飞，启程"回家"——这便是赛鸽运动的雏形。此后，赛鸽成为快速工业化城市里的人们与正在悄然消失的大自然保持联系的重要方式。农村的鸽舍被城市的鸽舍所取代，鸽笼或更大的鸽舍会被安置在赛场或后院的棚屋中。鸽子具有很强的耐力，可飞行数百千米，最高时速可达 80 千米；它们还具有高度发达的方向感，对不同气味有很强的记忆力，对地球磁场的敏感度也很高。[10] 然而，鸽子的归巢本能直到 19 世纪下半叶才得到提升，这是因为人类为了赛鸽而选育鸽子。在巴黎围城战（1870—1871 年）及第一次和第二次世界大战期间，鸽子也充当了军事信使的重要角色，这也是人类早期干预的结果。正如科林·杰罗尔马克在研究纽约、柏林和南非的当代赛鸽俱乐部时所指出的那样，这项运动产生了一种独特的人与动物之间的纠葛——鸽子并非被动地被驯养，它们不管是在过去还是现在，都在主动塑造着那些饲养者和赛鸽人之间的社会关系。[11]

卡拉·诺瓦克设计的赛鸽总部，2012 年

　　设计师卡拉·诺瓦克意识到了赛鸽运动对英国多佛镇一个小社区的重要意义。她在 2012 年设计的赛鸽总部颠覆了历史上传统的人鸟分离建筑模式。她想象一群赛鸽爱好者共同居住在维多利亚式的排屋中；她采取了不同寻常的措施，让鸽子与监护人一起生活，最终让鸽子的需求成为主导。在这里，鸽子获得了豪华的设计——柔软的内衬、暖气和喂食管道，而人类居住者只拥有一些比较基础的设施。即便在今天的英国，鸽子仍被大多数人视为"害鸟"，诺瓦克的项目则使我们对这种否定态度提出质疑，并思考人类与鸽子之间已存在的一些紧密联系，以及如何借此模式来消弭物种间的差异。[12]事实上，在开罗东部边缘被称为"垃圾城"的地方，已经可

以看到这种人类与其他生物混合居住的城市景观。那里保留着可追溯到 4 000 年前的传统，每天都会有成群的鸽子从几十个用木桩搭建的屋顶木平台上被放飞——这不是为了竞技，而是为了捕捉邻居的鸽群，同时保护自己的鸽群。为鸽子建造的非正式建筑与城市环境的融合，直接说明了这座城市的本质——它不仅仅是为一个物种而建的。[13]

然而，在北半球的大多数城市，鸽子一般都不受欢迎，它们的酸性鸟粪被认为是对建筑环境完整性和私有财产神圣性的直接威胁。设计师塞莱娜·萨维奇和戈尔丹·萨维奇在《不愉快的设计》一书中揭示了伦敦一系列专门针对鸽子而设计的"敌对"建筑。[14] 这些建筑物上的一些装置旨在威慑鸽子，其中包括金属钉、围网、电线、烟囱风帽、镜子，甚至是假鸽子。2017 年 12 月拍摄于布里斯托尔的一张照片显示，有一整棵树的树枝上分布着数百根用于威慑鸽子的尖刺；这张照片激起了很多人的愤慨，人们对这种将鸟类从它们的自然栖息地野蛮驱赶出去的行径表示愤怒。[15] 鸽子从前受到赞赏或被积极培养的品质——繁殖力、归巢本能和富含氮的鸟粪——如今已成为许多城市居民反感它们的根源。

尽管城市普遍试图控制鸽子的数量，但它们仍然与某些空间，尤其是著名的公共广场有着不可分割的联系。直到近期，伦敦特拉法加广场的一大亮点还是成群结队的鸽子，小贩们向游客提供鸽粮，让游客近距离感受鸽子的魅力。但在 2007

背景中的鸽塔耸立在开罗"垃圾城"上方，2009 年

年，时任伦敦市长的肯·利文斯通认为鸽子是"长了翅膀的老鼠"，禁止出售鸽粮。威尼斯市政官员近期也对圣马可广场上的鸽粮销售者进行了类似的责罚。但是威尼斯的鸽子有着悠久的历史，可以追溯到 1204 年。当时，恩里科·丹多罗总督对鸽子进行了嘉奖，表彰鸽子在第四次十字军东征期间转达了来自君士坦丁堡的重要信息。人们还一直认为鸽子能保护城市，使之免受海水侵袭，因此在广场周围安装了石碗，为鸽子提供

补给。[16] 前面提到的开罗城郊的鸽塔之所以一直存在，可能是因为这座城市的起源与鸽子有着直接的联系：7 世纪阿拉伯将军阿慕尔·本·阿斯将伊斯兰教带到了开罗，他的帐篷顶上建有一个鸽子窝，有人称这里就是开罗的建城之地。[17]

在圣马可广场等标志性城市空间中，鸽子成群结队的生活方式与上一章中讨论的社会性昆虫的"群体智能"有些相似。2004 年，位于纽约的设计工作室阿兰达 / 拉奇开发了"布鲁克林鸽子"项目，该项目以一颗卫星为中心，通过城市鸽子的眼睛来记录城市。这些鸽子配有无线视频通信装置和麦克风，卫星追踪它们在布鲁克林上空螺旋式的飞行模式，让市民的视野超越城市街道僵化的网格模式。[18] 2016 年，总部位于巴黎的科技公司普蓝美在伦敦利用鸽子的感知力开发了一个更为实用的项目，他们在一群赛鸽身上安装了空气污染传感器，将这些不知情的动物"研究员"与一款应用程序连接起来，通过智能手机向居民披露空气质量。[19] 这些利用鸽子的感知力为人类谋取福利的尝试，似乎再次证明了我们对动物的固有观念，即它们只在对我们有用时才有价值；然而，这些尝试也为城市带来了超越人类的感知力，缓解了人们对鸽子（作为我们在城市中的共同居住者）的普遍漠视，甚至是敌意。

在 2013 年出版的儿童读物《鸽子带你游建筑》一书中，一只名叫斯派克·李·尾羽的鸽子飞往世界各地参观标志性建筑——罗马斗兽场、泰姬陵、悉尼歌剧院、埃菲尔铁塔和其他数十座建筑。[20] 这本书以引人入胜的方式向孩子们介绍了建筑，它开启了人类长久以来的一种渴望——置身于混乱的街道上空，以鸟瞰的视角观看城市，在那里，个体能够掌控一切。然而，在这本书中，这种权力被赋予了一只不起眼的鸽子，而插图则为人类读者提供了一种鸟瞰城市的替代体验。建筑师和城市规划者总是利用这种鸟瞰图向非专业观众展示他们的愿景，但在这本书中，设计师（和插画师）的超凡技艺却被鸽子的视角所取代。鸽子也许是我们最普通的鸟类同伴，但和所有的伴生动物一样，它们也为我们提供了更为开放的视角，让我们得以看到并身处于人类以外的世界。

隼

许多城市为控制野化鸽子数量而设计的"敌对"建筑也会针对其他生物，如隼和鹰等掠食性猛禽，它们会在高楼和一些建筑的窗台上安家。其中最具代表性的是游隼，它们是有史以来速度最快的动物，从高处俯冲时，速度可达每小时320千米，从而快速击晕猎物并将其杀死。在我居住的大曼彻斯特地区，最近有一对游隼选择在建于19世纪的市政建筑的高塔上筑巢。新冠流行期间，在一个阴沉的冬日下午，当我访问博尔顿（曾经是一座磨坊小镇）时，空无一人的街道上可怕的寂静被一只游隼的哀鸣打破了。鸽子被它惊得四散而逃时，它只是瞥了一眼。当天晚些时候，我用长焦镜头给市政厅的塔楼拍摄了一张远景照片，从照片中可以看到这只鸟栖息在建筑物的一根裸露的石柱上。

　　游隼之所以成为相对常见的城市动物，直接原因是 20 世纪 70 年代人们为了应对其濒临灭绝的境地而采取的一些拯救措施。由于人类多年的猎捕，再加上杀虫剂 DDT 的灾难性影响，这些鸟类在野外的数量锐减。它们最喜欢的筑巢地点是悬崖绝壁上的岩架。英国生物学家德里克·拉特克利夫发表于 1963 年的关于游隼种群的研究报告显示，游隼的种群数量正在急剧下降，这证实了蕾切尔·卡森在前一年出版的开创性著作《寂静的春天》中首次提出的 DDT 警告。[21]康奈尔大学是人工繁殖游隼的先驱（这些鸟大多由猎鹰人捐赠），他们成功地大量繁殖游隼，并在美国将其重新放归野外。利用猎鹰人在几个世纪前开发的"鹰猎"的技术，研究人员将幼隼放置在室外的饲鹰箱中，由人类饲养员喂养和照料，直到它们羽翼丰满。1972 年美国和其他国家禁止使用 DDT 后，游隼的数量开始慢慢恢复。越来越多的游隼迁徙到城市，是人工繁殖的意外结果：在人类建筑上的鹰巢中孵化的游隼比在"野外"孵化的游隼更成功，这可能是因为城市及附近常年都有食物来源（主要是鸽子）。[22]

　　游隼栖息在城市中，给以人类为中心的城市世界带来了一种独特的野性。正如游隼专家海伦·麦克唐纳所言，游隼的感官世界"与我们人类不同，更像蝙蝠或熊蜂所感受到的世界"。游隼的眼睛非常敏锐，感知世界的速度比我们快 10 倍。它们在处理图像时速度更快，也更加精确，能够分辨出远距离的微小细节。[23]如果没有高分辨率照相机，我这毋庸置疑的近视眼根本无法看到博尔顿市政厅塔楼上的那只游隼。其实，除了最先进的卫星照相机和望远镜，游隼的视力远远超过了人类制造的任何视觉机器。

J. A. 贝克在 1967 年出版了《游隼》一书，当时游隼的数量处于断崖式下跌的状态。正如罗伯特·麦克法兰在 2005 年该书再版序言中所指出的，贝克华丽的散文让我们仿佛"获得鹰的视野"[24]。用贝克的话来说，

　　　　就像航海家一样，游隼生活在一个动荡不安的世界里，这个世界没有任何依附，有的只是摇晃和倾斜，有的只是陆地和水面的沉浮。我们这些锚定在地面上的人无法想象这种视觉上的自由。游隼看到并记住了我们所不知道的图案……它通过记忆中一系列的对称方式找到了穿越陆地的路途。[25]

　　虽然贝克书写的游隼所穿越的埃塞克斯郡平坦的海岸景观是乡村风光，但他所呈现的高空视野同样适用于城市游隼的感官世界。游隼所感知的城市景观与人类从摩天大楼的观景平台上所感知的景观截然不同。正如麦克法兰所观察到的那样，在游隼的眼中，城市变成了一个由支离破碎的形状组成的万花筒，就像一幅立体主义绘画。贝克决心把自己与他痴迷追踪的游隼等同起来，用游隼的视角来进行感知，但这并没有产生令人欣慰的整体感。相反，在与完全陌生的"他者"对峙时，他异教徒般的"循否法"（ via negativa ）导致了自我的湮没。贝克非但没有成为主宰，反而感到了羞辱，这

反映了拉丁文 *humiliare* 一词的含义，即通过丧失作为独立个体的身份而变得卑微。

对人们来说完全陌生的城市游隼，如今却通过网络摄像头将其生活展现得淋漓尽致。第一个网络摄像头于1998年安装在纽约罗切斯特柯达公司办公室的一只巢箱中。如今，在英国的大教堂和市政厅的塔楼上，至少有14只筑巢的游隼进行过"现场直播"（在世界各地的其他城市也有类似的形式）。直播游隼繁殖时的日常活动能够激发人类对鸟类的关注，通过电脑或智能手机可以建立起关爱和保护鸟类的社群。也许，比起其他城市动物，游隼如今成为人类更加关注的对象，也成为它们所选择在其上筑巢的建筑物的象征。摩天大楼和其他的城市高楼一直以来都是市政与企业权力的有力体现；游隼来此筑巢，通常被认为可以增强这种地位，这也反映了几个世纪以来，游隼是高贵和力量的象征。然而，这种影响是双向的，游隼作为受保护的动物，其行动影响了它们所栖息的建筑。例如，曼彻斯特市政厅钟楼的翻新工程，在2020年春天被一对筑巢的游隼所打断。

1993年，在游隼的网络直播出现之前，艺术家亚当·库比提议在摩天大楼上立一座雕塑，既为游隼提供筑巢栖息地，也为公众提供观赏空间。摩天大楼的玻璃表面被打破，以腾出空间放置艺术岩石，并在岩石周围创造一个观察空间。库比将自己的项目与动物园中的笼养鸟类做了对比，他让游隼保持自由，而人类观众则被禁锢。[26] 当人工饲养的游隼选择在建筑物上筑巢时，它们给城市带来了野生与家养、自然与人工的奇特碰撞；库比的提议引起了人们的关注，打破了我们通常在谈论城市中的"自然"时所做出的绝对划分。正如地理学家史蒂夫·欣奇利夫和萨拉·沃特莫尔所言，游隼在城市中的存在"表明城市生活比技术和文化更重要，或者更直白地说，技术和文化比人类的设计更重要"[27]。

人类饲养隼作为狩猎辅助工具至少已有 6 000 年的历史，尽管鹰猎已演变成一种小众运动，但在一些地方，仍然有一些猛禽在帮助人类狩猎。[28] 如前所述，隼长期以来一直与贵族联系在一起——它们是人的象征性对应物，拥有足够的特权，占据着各自的社会等级的顶端。在前现代时期，人工饲

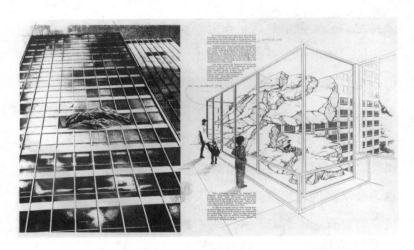

亚当·库比为游隼设计的"悬崖"栖息地，1993 年

西雅图运河桥巢箱上的游隼，由网络摄像头呈现，2011 年

养的隼在夏季（它们换羽的时间）被饲养在名为"鹰笼"的围栏中（这个建筑术语在如今更为人熟知，它指的是伦敦市中心安静小路上一排排高档的低层住宅）。隼是野性的象征，它们也通过人工饲养而被驯服，"饲鹰"的过程使饲养者与隼之间建立起终生的牢固联系。正如麦克唐纳所指出的那样，如今在海湾国家，主人经常带着隼出现在商场和城市街道等日常场所，以巩固驯养关系。英国作家兼猎鹰人菲利普·格拉西尔就饲养了一只游隼，游隼睡在书架上，早上会跳到他的床上，咬他的耳朵以叫醒他。[29]

"印记"是人类与隼之间建立联系的一种方式。这一过程需要驯养者扮演真正的隼的角色，给隼喂食，发出求偶的声音，最特别的是，雄隼可以与戴着特制的乳胶帽的驯养者交配。于是驯养者便可以收集雄隼的精液，用来给雌隼授精。印记也适用于隼对某个地方的依恋，这也是人工饲养的隼喜欢在城市生活的原因之一。当然，这也与不断发展变化的城市景观有关。虽然早在19世纪中叶，就有游隼在中世纪大教堂的塔楼上筑巢（索尔兹伯里大教堂自19世纪60年代中期起就有一对游隼常驻），但直到19世纪末，随着建筑技术的发展，高层建筑才大量涌现，北美越来越多的城市景观变成了野生游隼喜欢的栖息地。例如，在20世纪40年代，一对隼栖息在蒙特利尔高达24层的永明人寿保险公司大楼上，它们可能是最早在巢箱中筑巢的游隼。[30]

"印记"是人类创造的术语，在这里指的是隼与某个地区和人建立联系的方式。与鸽子类似，游隼也是一种有"归巢"能力的鸟类；大多数游隼都有迁徙的习性，即使在野外，它们也会年复一年地回到相同的筑巢地点。但是，人类对游隼的依恋与对城市鸽群的漠不关心（当然，"鸽友"除外）截然不同。如今，一些城市居民非常乐于"接纳"游隼巢，市民社团通常会为游隼家族的成员取名。人们可能会批评这种对隼拟人化的做法，认为这是人类对其他动物行使"统治权"的又一例证，但在城市中也有一些人被此举吸引，加入到与鸟类、建筑物及其他人的新型关系中来。一对常驻于高楼大厦的隼是一种有生命力的装饰品：它们是活生生的符号，吸引着人们进入一个充满全方位关怀的世界，人工与自然之间的界限从而变得模糊不清。毫无疑问，对城市的依恋也改变了隼：在许多情况下，城市中的隼不会"流浪"（这与游隼拉丁名中 *peregrinus* 的含义相符，该词的字面意思是"外来者"）。如今，游隼不再是游客，而是被认可的城市居民。

燕　子

　　尽管城市中隼的数量不断增加，但它们仍然是野性的象征；相比之下，燕子则是"顾家"的象征，千百年来，燕子一直选择在人类附近筑巢育雏。大多数燕科的鸟类都会筑巢，尽管燕子每年要进行长距离迁徙，但燕子及其后代还是会年复一年地回到巢中。在我小时候，一对家燕（*Hirundo rustica*）在我家（一幢位于北安普敦郡乡村的 20 世纪 50 年代的公屋）外侧的墙壁上筑巢。对我母亲来说，每年 4 月的中下旬——燕子归来的日子——总是与我和弟弟的生日（分别是 4 月 20 日和 4 月 14 日）有关。然而，有一年，巢里所有的幼鸟都掉了下来。母亲救起了这群快要羽翼丰满的幼鸟，亲手将它们养大，直到它们可以飞翔。尽管她悉心照料，但燕子的父母再也没有回来。

作为春天的使者，燕子总与这个季节强有力的象征意义联系在一起：它们是带来生育、爱情和新机遇的使者。燕子出现在建筑上，无论在过去，还是在如今的一些地区，都是人们所期盼的事情——燕子筑巢被视为一种吉兆。但燕巢的倒塌也预示着厄运的降临，有些人认为燕巢倒塌预示着该建筑也即将倒塌，或家中有人死亡。[31] 这些古老的迷信让我想起母亲告诉我的一个故事：有一年，路对面的邻居决定把燕子筑在自家墙壁上的巢全部捣毁，而那些毫无防备的燕子正躲在里面。这些自私的人类是否会无意中给自己带来厄运？回想自己童年时期的那场鸟灾，我想不起来它是否预示了我家生活中有什么值得注意的事。没错，这是偶然发生的；但与那些明显是有意为之的人相比，我更能得到命运的庇护吗？

与鸽子一样，燕子很可能在几万年前就开始与人类密切接触，那时人们开始从事农业生产并建造永久性定居点。燕子的巢筑在洞穴、悬崖缝隙、岩洞或空心树中，对于崖沙燕来说，河流的泥岸或沙岸更合心意。不管是燕子还是毛脚燕，它们的杯状巢都是由数以千计的泥团黏合而成的，它们将泥团与稻草混合，并用唾液粘在一起，然后放置在墙上露出的任何合适物体上，例如钉子上。[32] 燕子的巢紧靠屋檐，巢的入口是一个半圆形的小孔；燕巢相对来说比较开放，这也许是燕子与人类的家庭生活联系比崖沙燕更加紧密的原因。与白蚁丘一样，这种建筑方法与乡土建筑有着密切的联系：泥土和稻草的结合在世界各地的传统住宅和农业建筑中随处可见，在如今的生态建筑中也越来越多。正如导言中提到的，维特鲁威的《建筑十书》将燕子筑巢作为人类最初住所的灵感来源之一。维特鲁威认为，人类语言和建筑的起源是紧密联系在一起的，人类建筑的进化只是动物世界中已存在构造的延续和发展。[33]

　　燕子筑巢所需的只是陡峭墙壁上的落脚点，以及足够的遮蔽物。正如家燕的英文俗名 barn swallow（意为"仓燕"）一样，燕子通常喜欢在人类的谷仓内筑巢，当然，它们也会在其他各种环境中筑巢。据鸟类学家安吉拉·特纳的记录，有个燕巢建在屋外挂着的一把花园剪上，还有个燕巢建在谷仓外悬挂着的猫头鹰尸体上，甚至还有一些燕子的巢建在移动的物体上，比如每天穿越同一条路线的轮船，甚至是往返于不列颠哥伦比亚省两湖之间的火车上。[34] 在奥斯曼帝国，人们经常在清真寺、伊斯兰学校和宫殿的外墙上为燕子及其他鸟类建造精致的鸟屋与浴盆。这些装饰性鸟屋用石头、木材或泥土建造，从 14 世纪到 19 世纪一直长盛不衰，但现存的仅有几座。伊斯坦布尔阿亚兹马清真寺（1757—1761 年）的外墙至今仍保留着精美的石雕鸟屋。这种鸟巢可以容纳燕子、麻雀和鸽子，是奥斯曼帝国宫殿的微缩复制品，配有圆顶、拱形入口和一栋奇特的侧楼，大概是为了容纳不合群的住户。[35]

伊斯坦布尔阿亚兹马清真寺上的奥斯曼鸟屋

　　为了带来好运而建造一座模仿人类建筑的鸟类版建筑，是一种拙劣的模仿和糟糕的拟人化。一些鸟类保护组织，如英国皇家鸟类保护协会，已经对这种方式提出了警告——在设计巢箱时，他们主张不带感情色彩的功能主义。然而，正如海伦·麦克唐纳所言，这种态度更多是源于人类的喜好（和阶级）问题，而非经验证据。实际上，鸟类对我们的设计理念漠不关心：从鸟屋中获得乐趣的只有我们，而且这种乐趣只属于我们人类自己。[36]

这种拟人化的做法并不是我们人类内在自私的表现，反而有可能催生出更加广泛的关爱候鸟（如燕子和毛脚燕）的文化。在美国，夏候鸟紫崖燕（*Progne subis*）是穴居鸟，它们的生存几乎完全依赖人类的帮助。在北美东部的农村地区，人们通常会为这些鸟类访客提供巢箱，这是因为它们会攻击家禽的捕食者，并在这些捕食者靠近时就发出警报。美国有100多万人在高杆上安装巢箱来吸引紫崖燕，有些巢箱的样式是微型房屋、民用建筑，甚至是有几十个房间的城堡，鸟儿可以在里面筑巢。这种风尚是 20 世纪初 J. 沃伦·雅各布斯（1868—1947 年）和他的雅各布斯鸟屋公司（总部设在宾夕法尼亚州韦恩斯堡）开创的，至今依然延续着。1896 年，雅各布斯在家中建立了紫崖燕种群，并为它们建造了精致的鸟屋，包括费城独立宫和美国国会大厦等标志性建筑的微缩复制品。他的装饰性鸟屋大受欢迎，尤其是在 1933 年芝加哥世界博览会上展出之后。[37] 如今，这一传统仍在继续，除了装饰性鸟屋之外，还有一些实用性更强的建筑，如 1962 年在伊利诺伊州格里格斯维尔建造的高达 21 米的鸟塔，其中有 562 间"公寓"，供成对的紫崖燕居住。格里格斯维尔的街道上还安装了另外 5 000 座鸟屋（其中一条街道甚至被命名为紫崖燕大道），因此，格里格斯维尔可谓是美国的紫崖燕之都（其他地方的爱鸟团体对此毫无异议）。[38]

在格里格斯维尔和美国其他许多地方发展起来的这种鸟

马里兰州勃兰特湖的紫崖燕巢箱，2018 年

类保护方式，是对一些人期望驱赶筑巢鸟类的积极回应，这种愿望植根于对混乱的恐惧（有几家公司利用这种恐惧，大肆宣传他们的服务，以防止他们所称的"鸟害"）。然而，19世纪的博物学家詹姆斯·雷尼认为燕子是一种"寄生"动物，因为它们似乎从人类建造的世界中获得了所需的一切，却没有提供任何有形的回报（尽管我们享受其中）。[39] 但"寄生"也有积极的意义，"寄生者"与我们逐渐交织在一起，燕子或崖沙燕的巢不仅反映了人类"原始"的建筑方式，也是与人类建筑融为一体的另一种建筑。许多人为燕子或毛脚燕回到空荡荡的冬巢而欣喜，但也有一些人害怕它们，认为它们像人类学家玛丽·道格拉斯所说的那样"不合时宜"——它们带来的泥土和鸟粪污染了外墙。[40] 即使是那些持欢迎态度的人，对其他物种的接受度也总是有很大的选择性，昆虫就说明了这一点，它们总是被当作入侵害虫而被排斥在建筑物之外。

2013 年，比利时建筑师文森特·卡莱博特在中国台湾的台中市城市文化中心的竞赛中展示了他的设计方案"燕巢"。"燕巢"这一名称的灵感可能来自 2008 年奥运会的标志性建筑——北京国家体育场（又称"鸟巢"）。卡莱博特设计的燕巢结构是一个"莫比乌斯环"的形状，通过简单、重复的标准化玻璃型材构建而成。"燕巢"所标榜的生态理念令人印象深刻，如果建成，它将在玻璃板中嵌入光伏电池，在墙壁和屋顶上种植美丽的绿色植物，并在底部安装抗震支架。[41] 作为人们对高科技生态现代主义的美好愿景，"燕巢"与燕子筑巢时粗陋的泥草结构及装饰性鸟屋的建筑风格大相径庭。"燕巢"也体现了当代"绿色"建筑的特征——自诩为有机设计的建筑似乎与使用玻璃、钢材和混凝土等人工材料并不矛盾，而所有这些材料在制造、维护和处置/再利用的过程中都是高度耗能的。

卡莱博特的"燕巢"设计摒弃了鸟类充满活力却又杂乱无章的生活世界，以及鸟类在我们的建筑中筑巢时所带来的混乱，而是选择了有机泥浆与几何砖、石膏、混凝土的结

文森特·卡莱博特建筑事务所在台中市城市文化中心竞赛中的"燕巢"提案，2013 年

合。对于现代主义者来说，纯粹的理想——形式、功能和用途——是神圣不可侵犯的，它在许多以生态和进步为目标的现代设计方案中仍是一个极具诱惑力的元素。在向潜在投资者或竞赛评委推销自己的愿景时，容不下任何不合时宜的设计、非人类的真实生活面貌，以及任何与人类对建筑的关注点（无论是美学、成本，还是客户的愿望）格格不入的事物。不足为奇的是，最能充分欣赏超越人类生命之网的地方，恰恰就在现代主义者所摒弃的平凡、模糊且缺乏想象力的日常生活领域。千百年来，燕子爱好者都知道，人类和其他生物最直接的接触就在家庭生活中。在一年中短暂的几个月里，燕子选择与我们共同生活，并将它们的家庭与我们的家庭生活融为一体，这也标志着时间的流逝："它们在婴儿出生时欢快地鸣叫，在逝者的葬礼上轻盈地飞舞。"[42]

雨　燕

　　紫崖燕造访的北美地区也是迁徙鸟类烟囱雨燕（*Chaetura pelagica*）的繁殖地；和紫崖燕一样，这些鸟儿的生存也依赖于人类建造的建筑物。烟囱雨燕最初在空心树里筑巢，为了适应欧洲殖民者的到来，它们改变了自己的行为方式，开始选择在烟囱和其他人工建筑里筑巢，其原因是许多空心树都被殖民者砍伐了。这一改变最初对鸟类有利，随着人类向西横跨美洲大陆，烟囱雨燕的数量和繁殖范围也大大扩展。然而，近年来，砌体塔楼被封顶或拆除，新式建筑取而代之，烟囱雨燕的数量也随之减少；与应对紫崖燕的困境时类似，越来越多的人开始专门建造塔楼来替代废弃的烟囱。[43]

第一个范例是艾奥瓦州博物学家阿尔西亚·罗西娜·谢尔曼在一个多世纪前建造的：一座用松木板建造的高度为 8.5 米的方形塔，足以容纳雨燕和人类观察者。谢尔曼的设计在 20 世纪 80 年代末被保罗·凯尔和乔治安·凯尔重新采用，两人继续推广砌体和木制雨燕塔的设计方案，这些雨燕塔可以由有一定建筑经验的住户建造。正如他们在《烟囱式雨燕塔》（2005 年）一书中所描述的，雨燕会非常谨慎地选择筑巢地点。与欧洲的同类不同，烟囱雨燕不会在雏鸟羽翼丰满后弃巢而去，它们会一直待到秋天。黄昏时分，当巢址变成夜栖地时，其他许多鸟类也会加入这对雨燕定居者的行列。春天，当一只归巢的雨燕发现一座新塔时，它会以迅雷不及掩耳之势完成对这座建筑的勘察。在把它当作自己的"家"之前，雨燕会从我们可以想象到的每一个角度飞过，充分检查其外部和内部。和燕子一样，一对雨燕会在多年后返回第一次筑巢的地点。[44] 烟囱雨燕从树梢上折下小树枝，用唾液把树枝粘在一起，筑成杯状的巢。

欧洲雨燕同样依赖人类建筑，它们年复一年地回到相同的筑巢地点，但每年逗留的时间要比美洲的亲戚短得多：它们在 5 月初到达，8 月中旬飞往非洲南部。与谢尔曼的建筑意

20世纪初艾奥瓦州的阿尔西亚·罗西娜·谢尔曼建造的雨燕塔，由保罗·凯尔和乔治安·凯尔于20世纪80年代末重新建造

外相似的是牛津大学博物馆的塔楼，该塔楼建于1855—1860年，是该市的自然历史博物馆。虽然这座塔楼不是专门为雨燕所建造的，但这些鸟儿选择在此筑巢似乎很幸运——它们在陡峭的塔身四面的40个通风孔中寻觅到了理想的栖息地。自1948年以来，这座建筑经过特别改造，既是雨燕的家，也是观察它们的实验室：人们首先在塔楼内搭建了木制平台，然后用巢箱代替通风孔，每个巢箱都装有玻璃盖，以便人们近距离观察鸟类。现在，博物馆的参观者不仅可以通过1996年安装的摄像机看到鸟巢，还可以使用耳机聆听鸟的叫声。[45] 近年来，在塔楼上筑巢的雨燕数量不断减少，这意味着在欧洲和东亚的雨燕夏季繁殖地出现了更广泛的下降趋势，

由薄荷醇建筑事
务所设计的雨燕塔，于
2015 年安装在埃克塞特
市中心

1995—2015 年，英国的雨燕数量减少了 50%。数量下降的一个原因是筑巢地的短缺——人们越来越无法容忍雨燕筑巢所需的缝隙和隐蔽的凹处；另一个原因是雨燕的主要食物——昆虫数量的急剧下降，昆虫是农业集约化的受害者，农业集约化的单一种植大大减少了曾经庞大的昆虫数量。[46] 与其他候鸟一样，雨燕还遭遇了冬季栖息地的丧失，这是因为迅速增长的人口对土地施加了无情的压力。

　　和在美国一样，如今人们正试图通过提供定制巢箱和巢塔来扭转雨燕数量下降的趋势。前者包括生态雨燕巢箱，它由一种空心砖筑成，上面有一个半圆形的入口，可以取代墙壁正面的两块整砖和两块半砖。另一种巢箱是施韦格勒公司的雨燕和蝙蝠巢箱，这是一种较大的结构，有三个独立的筑巢室，可以插入墙壁上的砖块缝隙或与墙壁齐平。巢塔更适合雨燕的群居特性，在城市建造的这些独立结构，可以缓解周围建筑物缺乏合适的筑巢场所的问题。2010 年，艺术家设计小组物与子（由安迪·梅里特和保罗·斯迈思两人组成）在剑桥的洛根草地上建造了一座引人注目的雕塑式雨燕塔，这座塔由 150 只聚集在一起的巢箱组成，整体安装在两根 10 米高的柱子上。巢箱金属网格中的缝隙为巢箱提供自然通风和降温。据艺术家称，这些盒子正面涂的彩虹般的颜色是非洲日落的像素化版本，是根据雨燕能够看到多种光谱的能力而创作的：这些盒子就像一对对鸟儿每年从非洲南部越冬地返回时所看到的"颜色代码"[47]。近期在英国吉尔福德附近的沙尔福德村安装的雨燕塔（2020 年）和在埃克塞特市中心安装的雨燕塔，展示了两种截然不同的方法：前者是艺术家威尔·纳什设计的，由八个逐渐上升的木制平台组成；[48] 后者是由薄荷醇建筑事务所设计的一组类似结构。埃克塞特塔于 2015 年安装在市中心的一座环岛上，其灵感来自一只飞行的雨燕的动态剪影。[49] 鸟类与巢址之间的这种直接视觉对应关系，旨在让人们一眼就能看出巢塔的功能，同时也是为了激励社区行动，在未来更好地保护鸟类种群。然而，在这三个

案例中，归巢的鸟类都很难被吸引到"新家"中来：剑桥的巢塔在反复播放雨燕的叫声后，才获得了成功。[50]

这些塔楼既是雕塑，又是功能性结构，其特有的现代感源于人类长期以来对雨燕的喜爱——雨燕是所有鸟类中最符合空气动力学原理的。雨燕像游隼一样，人们对它们也是听多于见，而且几乎只能从远处看到它们：欧洲雨燕从不落地，只有在筑巢时才会降落在人造建筑上（它们每年待在北方繁殖地的时间只有短短的三个月）。欧洲雨燕幼鸟一旦羽翼丰满，就再也见不到父母了。在第一次飞行后，雨燕会一直飞行，直到三年后准备繁殖时才再次返回地面；它们还必须在没有父母帮助的情况下长途飞翔，跋涉数千千米，前往越冬的栖息地。人类在地球的陆地上生活，几乎无法理解空中生活意味着什么；在历史上雨燕曾被命名为"魔鬼鸟"，这反映了它们作为动物的异类特征。我们也会听到雨燕的"尖叫"，它们在欧洲城镇温暖的夏夜成群地飞翔、盘旋，剪刀状的尾巴是它们的显著特点。事实上，经过录音设备的慢放处理，这些尖叫被证实是颤音。和游隼一样，它们也能比我们更敏锐、更迅速地感知世界。[51] 贾科莫·贝拉于 1913 年创作了油画《雨燕：运动路径＋动态序列》，试图捕捉雨燕飞行时的非凡动态。这幅作品反映了意大利未来主义画家对速度的迷恋，这是一个蕴含着动态的静态画面，就像由如今的数码相机所拍摄的多张照片合成的图片，其灵感可能来自 19 世纪晚期法国生理学家艾蒂安·儒勒·马雷和英国摄影师艾德韦德·穆伊布里奇对动物运动的研究。[52] 通过这种捕捉方式，飞翔的雨燕留下了建筑的痕迹：在这幅画中，直线与曲线的湍流矛盾地凝结为静态的形体。

雨燕最特别的行为可能就是"晚祷飞行"（vesper flights）。"晚祷飞行"是一个美丽的词组，指的是它们在温暖的夏季黄昏集体飞上高空，并在返回大气层的低层区域之前，一边用翅膀滑翔，一边在空中睡觉。晚祷通常与晚间的虔诚祈祷相关，这是许多基督教团体一天中最后的祷告。人们仍不明白雨燕为何会有这种非同寻常的群体行为；正如海伦·麦克唐纳所指出的，据推测，雨燕升空是为了评估大气层的状况，它们在夜间"阅读"气流无形的上下波动，以便"绘制"它们未来的飞行模式（在接近迁徙期时，晚祷飞行更为常见，这并非偶然）。⁵³ 人们早就知道，雨燕也会绕着低气压系统飞行，以避开恶劣的天气以及空中昆虫数量的相应下降，它们在短短几个小时内可以飞行很远的距离。雨燕的"空中地理学"提醒着我们，作为地球上的物种，我们还有很大的局限性；它也提醒我们，其他动物拥有敏锐的感知能力，能够适应空中生活，并在某种程度上驾驭了大气。

雨燕的空中生活让人类开始重新思考城镇上空的环境。2020 年 9 月，斯德哥尔摩皇家理工学院建筑系的中国学生谢梦莹展示了她的毕业设计。⁵⁴ 该项目设想对北京部分地区进行彻底改造，以保护候鸟，如以北京命名的北京雨燕（*Apusapus pekinensis*）。自 20 世纪 90 年代以来，中国城市迅速扩张，并伴随着城市空气质量的急剧下降，导致雨燕数量大幅减少——在过去 30 年中，仅北京的雨燕数量就下降了60%。在引人注目的透视图中，谢梦莹的项目设想了为筑巢

谢梦莹的"北京雨燕"项目视觉效果图，2020 年

的雨燕和人类观察者建造的几种不同类型的塔楼。这些塔楼将建在有利于昆虫繁殖的绿化带中。在天空的低层区域，通信线路和高架人行道等空中元素将兼顾到雨燕与人类的活动。该项目以非常务实的方式，展示了城市的发展如何与特定物种及其所依赖的其他动植物的需求相适应。在这里，人类和鸟类的需求并不被认为是相互排斥的，设计图中相当直观的"鸟瞰"视角同时属于雨燕和人类的感知世界。

乌　鸦

　　燕子和雨燕在一年两次的洲际旅行中能够准确地找到自己的"家"，这种看似神奇的能力不仅是候鸟的特点，也适用于鸟类中的"常驻居民"（留鸟），尤其是像乌鸦这样善于交际的鸟类。英国博物学家马克·考克对这些司空见惯的鸟类情有独钟，他从它们的筑巢地和栖息地中发现了一幅古老的英国鸟类景观地图。乌鸦群栖地——繁殖期秃鼻乌鸦巢的聚集地——在英国乡村非常常见，考克发现，其中许多筑巢地的起源都很古老，有时秃鼻乌鸦会在很久以前的筑巢地或栖息地搭建新巢。考克将这些群栖地描述为景观中的"磁石"，"[这些地方]树木高大，与生俱来的熟悉感让秃鼻乌鸦深感安全与舒适"。[55]群栖地通常位于保护完好的私人土地上，因此也与人类的财产和阶级联系在一起；群栖地是"文化宝库"，通过丰富的含义将各种物种联系在一起。

直到 20 世纪初，伦敦市中心还有秃鼻乌鸦群栖地。在 1666 年的伦敦大火中，人们记录到圣殿教堂花园的树上有处乌鸦群栖地，一个世纪后，用英语写作的爱尔兰小说家奥利弗·戈德史密斯对它进行了赞美。此外，伦敦的法院街附近也有一处乌鸦群栖地。在 19 世纪，城市开始向外扩展，在市中心筑巢的秃鼻乌鸦越来越难找到觅食的空地；20 世纪初，最后一批秃鼻乌鸦从法院街消失。[56] 不过，维多利亚时代的伦敦人对另一种"群栖地"更为熟悉，那就是城市中人口稠密的地区，现在叫作贫民窟。查尔斯·狄更斯的小说《荒凉山庄》（1852—1853 年）将法院街与附近圣吉尔斯地区最著名的贫民窟联系在一起，这可能并非偶然。[57] 这里到处是破旧的房屋、狭窄的街道、隐蔽的通道，以及各种令人厌恶的景象、声音和气味。在 19 世纪 40 年代初，中产阶级改革者越来越关注圣吉尔斯地区，他们决心清除伦敦市中心这处"瘟疫之源"。[58] 1844—1847 年，人们试图靠新牛津街的建筑来清理这一场所，但结果只是将肮脏集中到了其他地方。1849 年，在清场之后，《伦敦新闻画报》描绘了搬迁的贫民窟中的一条街道，那喧闹的景象让人联想到乌鸦的群栖地。在报纸页面上，烟雾缭绕的房屋似乎正在腐烂，各种有机生命混杂在一起，这让阅读报纸的中产阶级读者既厌恶又兴奋。

另一个与乌鸦有关的结构是船上的"乌鸦巢"——位于

桅杆顶端的瞭望塔，由捕鲸者威廉·斯科斯比于 1807 年发明。对它的命名也许反映了乌鸦与船只之间悠久的联系，这一联系可以追溯到《圣经》中的诺亚方舟故事：在上帝以末日洪水惩罚堕落的人类之后，诺亚派出一只乌鸦去寻找干燥的土地。[59]"乌鸦巢"还指人类在高处建造的其他建筑，包括 1848—1849 年，为了伦敦第一次地形测量而在威斯敏斯特大教堂、圣保罗大教堂和其他教堂建筑顶部建造的瞭望台。这些临时建筑的图片刊登于《伦敦新闻画报》，比圣吉尔斯贫民窟的可视化早一年；建筑的设计目的是为军事测量员提供最佳制高点，以便他们绘制城市地图。[60]这些显眼的建筑确实像巨大的乌鸦巢，它们使精确测量伦敦街道地形第一次成为可能，这是将伦敦下水道网络从疾病传播载体转变为洁净管道的漫长过程中必要的第一步。[61]在维多利亚时代早期的伦敦，两种以乌鸦为灵感的建筑有着天壤之别。如果说贫民窟是中世纪的残余，它们的有机外观与进步的步伐格格不入，那么英国地形测量局的"乌鸦巢"建筑则意味着理性秩序的到来，测量员获得的城市鸟瞰图，预示着城市将转变为一个更清洁的、管理更完善的现代进步典范。

尽管乌鸦在伦敦市中心消失了，但其他鸦科鸟类在城市仍然很常见；喜鹊、松鸦和小嘴乌鸦是如今在伦敦最有可能遇到的鸦科鸟类，特别是喜鹊喋喋不休的鸣叫声，是城市中纷繁声音中最为人所熟悉的元素。不过，伦敦最有

1849 年刊登于《伦敦新闻画报》的圣吉尔斯贫民窟照片

名的鸦科鸟类要数渡鸦，目前有 9 只渡鸦被饲养在伦敦塔。长期以来，人们一直认为渡鸦自查理二世统治时期就存在于伦敦塔中，但实际上，渡鸦是在 1883 年前后被刻意引入伦敦塔的。当时，伦敦塔首次作为哥特式城堡向游客进行宣传，它与鬼魂和浪漫元素联系在一起，令维多利亚时代的伦敦游客为之着迷。在第二次世界大战期间，人们声称只要渡鸦还在伦敦塔内，英国就永远不会被入侵，他们认为渡鸦凭借其超乎人类的感知力，能够对接近的德国飞机及其炸弹做出预警。[62] 多年来，渡鸦一直被安置在临时搭建的棚屋中；2015 年，它们获得了由劳沃奇·劳沃奇建筑事务所设计的新笼舍。虽然建筑师为渡鸦建造了一个不起眼但实用的庇护所——一系列覆盖着铁丝网的橡木板条框架——但是他们在使用木材时也参考了伦敦塔的悠久历史，因为在建造如今受联合国教科文组织保护的白塔之前，该遗址被木结构所占据。渡鸦白天仍可在塔内自由活动，笼舍仅用于夜间保护。[63] 建筑师与伦敦塔的官方渡鸦饲养员（乌鸦管理员）及伦敦动物园的鸟舍主管密切合作。伦敦动物园饲养的渡鸦是第一批获得永久性住所的动物，其笼舍由德西默斯·伯顿于 1829 年设计，在渡鸦被重新安置之前已经使用了 150 年。[64]

美国作家拉塞尔·霍班在其小说《渡鸦》（1992 年）中，想象了一场与伦敦动物园中现代笼养渡鸦的"宇宙邂逅"。通

"CROW'S NEST" ON WESTMINSTER ABBEY.

　　1848 年，为了第一次伦敦地形测量，威斯敏斯特大教堂顶部建造了"乌鸦巢"瞭望台

过与渡鸦的心灵感应，一位动物园的无名游客被卷入了霍班所描写的"黑暗空间"中——进入一段通往时间尽头的旅程，"通过数百亿年的循环往复"，人类、渡鸦和其他万物在物质衰变的漫长岁月中被磨合得千篇一律。故事进行到一半时，这个过程突然逆转，人和乌鸦从时间边缘回到了当下。[65] 这

个奇特的故事寓意深远，取材于人类对渡鸦的普遍理解，即渡鸦是厄运的预兆。由于渡鸦和小嘴乌鸦都是通体为黑色，叫声刺耳，因此它们常常被认为是死亡的预兆；而喜鹊和松鸦羽色更加鲜亮，它们的命运更具有矛盾性，有好有坏。一首著名的苏格兰民谣表达了这些由来已久的联系，其开头是"一只代表悲伤，两只代表欢乐"，结尾是"九只代表地狱，十只代表恶魔自己"。数喜鹊反映了人类希望在某种程度上控制降临到我们头上的命运，也反映了这些鸟类相对温顺的性情，以及它们模棱两可的外表和本性。

劳沃奇·劳沃奇建筑事务所为伦敦塔内的渡鸦所设计的笼舍，2015 年完工

在视觉文化中，乌鸦和建筑的著名应用可能就是阿尔弗雷德·希区柯克的电影《群鸟》（1963 年）中的一个场景（根据达芙妮·杜穆里埃于 1952 年发表的同名短篇小说改编）。在加利福尼亚州博德加湾（杜穆里埃笔下的康沃尔半岛）一个与世隔绝的居民点，各种鸟类开始袭击人类，梅兰妮·丹尼尔斯（蒂皮·赫德伦饰）前往当地学校查看孩子们的安全情况。当她在外面的长椅上抽烟等待时，短嘴鸦开始在她身后的儿童攀爬架上集结。过了一会儿，丹尼尔斯注意到一只乌鸦在觅食，她的视线随着乌鸦越过天空，移到攀爬架上。突然间，攀爬架上满是栖息的乌鸦，它们随时准备发起攻击，令人万分惊恐。孩子们在背景音乐中唱的童谣也极大地增强了这一情节的感染力，童谣中重复出现的一连串无意义的单词直接映射出乌鸦聚集的画面。[66] 短篇小说和电影的结尾都是成群结队的乌鸦围攻房屋，"神圣不可侵犯"的家居空间抵挡不住无数鸟喙和鸟爪的凶残攻击。最后，鸟儿找到了人类无法封锁的"裂隙"，它们或从烟囱中集体坠落，或自杀式俯冲砸碎窗户玻璃，或啄破钉在窗户和门板上的木条。

无论是杜穆里埃的故事还是希区柯克的电影，都没有明确说明这些鸟儿为什么要攻击人类，但无论如何，这些充满威胁的鸟类将安全的家居空间变成了一个充满威胁和不安的地方。英国雕塑家凯特·麦奎尔的作品同样将乌鸦视为不祥之物，她的装置作品利用乌鸦的羽毛对西格蒙德·弗洛伊德的"暗恐"（源自德语 *unheimlich*，意为"不像家的"）概念进行视觉表达。[67] 在她的作品《肠》（2018 年）中，乌鸦的羽毛附着在玻璃和其他材料上，形成了令人不安的绳索状，并从罗马文艺复兴建筑——布拉曼特修道院回廊的地板上冒出来。较早的作品《油膜》（2010 年）以乌鸦和喜鹊的羽毛为特色，这些羽毛附着在一只古董火盆上，从火盆中流出，就像石油溢出一样。麦奎尔创作的蛇形作品似乎暗示着人类无意识的原始混沌，作品也参考了乌鸦等鸟类大量聚集在筑巢地和夜栖地时旋转而形成的图案。将入侵的鸟群带入家居环境是非常令人不安的：它消弭了人类和非人类之间的界限，即使我们认为家居环境不可侵犯。但正如电影《群鸟》中冲破门窗的鸟群一样，麦奎尔的雕塑作品告诉我们并非如此。

椋　鸟

大量聚集在一起的鸟类有时会被人类视为"害鸟"：除了鸽子之外，人们还经常把麻雀和椋鸟称为害鸟，特别是当它们被列为入侵物种或表现出所谓的不良行为时。例如椋鸟会侵占其他鸟类的巢或偷盗人类的粮食作物（主要是谷物）。然而，人类的态度总是产生于特定的社会和文化背景。在美国，椋鸟是一种非本地物种，被人们称为"长翅膀的老鼠"（与英

凯特·麦奎尔的装置作品《肠》（2018 年），位于罗马的布拉曼特修道院回廊

国城市里的鸽子的称呼相同）。在美国，椋鸟没有受到官方保护，经常被大量灭杀；而在英国和西欧，椋鸟数量的下降非常严重，现在它们已被英国列为高度关注保护的鸟类。紫翅椋鸟（*Sturnus vulgaris*）是19世纪由所谓的"驯化引种协会"特意引入美国的旧大陆物种，协会试图为新的"定居者"提供欧洲故乡的一些景象和声音，来缓解他们的思乡之情。1890年3月，纽约药剂师、著名驯化引种者尤金·谢弗林发现莎士比亚的《亨利四世》中提到了椋鸟，于是他在白雪皑皑的中央公园里将从英国引入的80只椋鸟放飞。一个世纪后，有2亿多只椋鸟生活在美国，它们都是最初那群椋鸟的直系后代。椋鸟喜欢在建筑物的飞檐和屋顶瓦片下的洞中筑巢，或者在阁楼上和阁楼内筑巢，它们的觅食行为很好地适应了城市公园和人类建造的其他绿地。[68]

椋鸟种群数量最近在西欧减少的原因之一，是新造的建筑中没有空洞和缝隙，或者经过翻修的旧建筑中的孔洞被封住了。椋鸟需要与燕子、雨燕和鸽子争夺这些栖息地，但与迁徙物种相比，椋鸟的优势在于它们在一些欧洲国家（例如英国、法国和西班牙）全年都有栖息地，因此可以在燕子、毛脚燕和雨燕返回之前抢占最佳栖息地。[69]

椋鸟是一种善于交际的鸟类，它们形成小群体筑巢和觅食，这也使它们成为人类喜爱的宠物鸟类之一。公元前1世纪，老普林尼饲养了一只椋鸟，研究这种鸟如何从环境中捕捉声音；恺撒大帝显然曾教他的宠物椋鸟用希腊语和拉丁语与自己交谈。后来，最著名的是沃尔夫冈·阿玛多伊斯·莫扎特的故事，他在 1784 年 5 月听到宠物店里的一只椋鸟重复他的《G 大调第十七号钢琴协奏曲，KV453》中的一个乐句，这部作品是他一个月前才完成的，椋鸟不知怎么学会了模仿它；于是他便在维也纳的房间里饲养了这只宠物椋鸟三年。[70]最近，在研究莫扎特的椋鸟时，美国博物学家莱恩达·林恩·豪普特"收养"了一只小椋鸟，这种小椋鸟在她家附近的一座公园（位于西雅图）里即将被赶尽杀绝。在《莫扎特的椋鸟》一书中，她生动详细地描述了在家驯养椋鸟（她为其取名为卡门），以及椋鸟与她建立关系的过程。像其他社会性动物一样，椋鸟会很容易地将人类纳入自己的世界：豪普特描述了卡门对房子里不同房间的反应（喜欢书房，害怕楼梯间），它也试图让豪普特参与到游戏中。也许最特别的是，卡门还会模仿周围的声音，甚至能够用人类和其他动物的语言来打招呼。它学会了用"嗨，卡门！"来问候家里人，用"喵！"来问候宠物猫。[71]

最近对椋鸟发声的研究表明，椋鸟具有美国语言学家诺姆·乔姆斯基所言的"递归"语言能力（他坚信这是人类独有的能力）。这是指在短句中嵌入单词或短语，以扩展其意义框架的能力，乔姆斯基将这一过程定义为"无限合并"。神经科学家蒂莫西·金特纳等人的研究表明，椋鸟模仿的声音

（有些椋鸟模仿的声音多达30多种）也是以这种方式组织构造的，而不是简单地一个接一个地重复音节。此外，椋鸟模仿声音的方式与人类婴儿学习说话的方式非常相似，从牙牙学语到形成单词，再到将单词发展成短语和句子。[72]这表明，椋鸟不仅具有很高的智力水平，而且与周围环境有着复杂而微妙的关系——这与我们人类惊人地相似。对于宠物椋鸟来说，房子就像是一座装满熟悉声音的宝库，这些声音来自房子的空间和流动的居住者，包括人类和非人类。正如豪普特通过收养椋鸟所了解到的那样，它们的复杂行为与其"鸟害"

2008 年 11 月牛津郡奥特穆尔的椋鸟群

的名声大相径庭，也许，在椋鸟身上，我们能看到人类自身的消极面。

椋鸟和人类还在另一种情况下相遇：在冬季，椋鸟会在夜栖之前的黄昏时分大量聚集在一起。随着下午的光线逐渐暗淡，椋鸟从白天的觅食地飞来，数量越来越多，在天空中聚集、旋转，形成快速变幻的图案，这主要是为了迷惑猎食者，如游隼和其他猎食性鸟类（常见于夜栖地）。[73] 这种奇观被称为"椋鸟群飞"，长期以来一直吸引着人类观察者。1799 年 11月，浪漫主义诗人塞缪尔·泰勒·柯勒律治在前往伦敦的公共马车上目睹了一次罕见的晨间椋鸟群飞，柯勒律治认为其"壮丽"来自整个椋鸟群"就像一个没有自主力量的躯体"[74]。如今，在傍晚，经常有大批人聚集在一起观看椋鸟群飞，在英格兰萨默塞特平原的哈姆墙等黄金地段，人数多达上千。地理学家安迪·莫里斯认为，这些受欢迎的活动应被视为椋鸟和人类的共同聚会，人类观众的聚群行为在某种程度上也是鸟类行为的镜像，椋鸟栖息地周围的景观被改造成了人类和鸟类的共同聚会空间。[75] 许多观众在椋鸟的"脉动"中看到了熟悉的形状。早在 1799 年，柯勒律治就看到成群的椋鸟从"一个正方形变成球形，然后从完整的球体变成椭圆形，接着变成一只悬挂着吊舱的热气球，现在是一个凹的半圆形"。而在 2020 年 3月，詹姆斯·克龙比的高速数码相机在几分之一秒的时间内拍摄到椋鸟群聚集成了一只巨鸟的形状。[76]

研究人员对罗马建筑物周围的椋鸟群飞（这里的椋鸟是来自西伯利亚的冬候鸟）进行了研究，发现人类对这些现象的痴迷存在着更加密切的生理联系，我们能够从椋鸟的移动中识别形状以及椋鸟在空中协调动作的方式。通过使用先进的全球定位系统和加速度传感器，他们发现，即使在庞大的椋鸟群中，每只椋鸟也只能与数量有限的近邻互动——平均只有六七只。这意味着成千上万只鸟所实现的非凡协调，实际上只是局部互动的结果。与社会性昆虫建造巢穴的方式类似，椋鸟群中也有"群体智能"在起作用。[77] 研究人员还发现，椋鸟的集体运动会产生几种关键的动态形状，这些形状在其他移动的动物群体，以及许多物理和化学系统中也能看到。据推测，椋鸟群飞产生的图案可以解释我们为何对这一奇观如此着迷：椋鸟的运动方式与我们身心的基本模式语言产生了共鸣。[78]

椋鸟群飞也给人类观察者带来了无限灵感，建筑师克里斯托弗·亚历山大在他的著作《建筑模式语言》（1977年）中提出了"模式语言"的概念，这也许是近几十年来阅读人数最多的建筑理论书籍。亚历山大将"模式"定义为一种与人际关系相呼应的物理设计，他提出，人类在不同尺度规模上建造的世界应该以这样一种方式进行模式设计，以促进人与环境的整体性。2020年7月，荷兰建筑公司 SO-IL 在亚特兰大的高等艺术博物馆安装了装置作品《椋鸟群飞》，这是一

SO-IL 在亚特兰大高等艺术博物馆搭建的装置作品《椋鸟群飞》，2020 年

在亚利桑那州斯科茨代尔当代艺术博物馆，艺术家团体鱿鱼汤设计的装置作品《椋鸟群飞》所形成的延时图像，2019—2020 年

组由金属框架支撑的临时展亭，并用农用网进行了搭建，呼应了"椋鸟群飞的形式……瞬间悬浮在半空中"[79]。展亭的设计还与树冠相似，供人和鸟类休栖，并设有喂食器和鸟栖架，以吸引鸟类。展览中的鸟类元素旨在激发人们对美国鸟类数量减少的关注，但并没有特别提及椋鸟——鉴于椋鸟在美国属于入侵物种，这种做法不足为奇。

2019 年 11 月，在斯科茨代尔当代艺术博物馆的另一件《椋鸟群飞》装置（展出时间为 6 个月）中，我们可以看到椋鸟群飞时所产生的图案。该装置是英国艺术家团体鱿鱼汤设计的，由 700 个相互连接的球体组成，每个球体都会发光和发声，通过电子传感器对环境刺激做出反应，从而形成人工"椋鸟群飞"的效果。这是一个电子和环境元素交织的生态系统，它模仿了椋鸟群体中神秘的形态变化，创造出不断变换的视听体验。[80] 这两个受椋鸟启发的项目都是在 2020 年全球新冠大流行期间展出的，这或许并非巧合。尽管项目是在非动荡时期构思的，但对于地球上的大部分人来说，在这段被强制与世隔绝的漫长时期，以椋鸟群飞的方式聚在一起变得不可想象，在许多国家甚至是非法的。在这两件椋鸟群飞人工装置中，亚特兰大的展亭有严谨的控制措施，斯科茨代尔展馆的装置则设置了一定的观看距离。当然，与此同时，椋鸟则继续享受着我们在建筑和城市空间中被暂时剥夺的自由。

第三章　野生

在 2020 年春季，第一波新冠大流行期间，各国封锁实施力度最大时，许多城市似乎人去楼空，令人不禁联想到《惊变 28 天》（2002 年）和《我是传奇》（2007 年）等电影中的末世场景。在此期间，摄影师经常拍摄到动物在空无一人的城市街道上游荡的画面：智利圣地亚哥的美洲狮、纽约中央公园的浣熊、印度海得拉巴的花豹、伦敦的黇鹿、科西嘉岛阿雅克肖的野猪、威尔士兰杜德诺的野山羊。[1]对许多人来说，在极度焦虑和空前封闭的时期，这些图像给了他们安慰，野生动物在人类主导的环境中获得了某种程度的自由。但这些画面也令人不安，揭示了人类与动物之间的空间界限比我们想象中的模糊得多，甚至野生动物早已在我们的城市中安家落户，只是当我们暂时退出它们的空间时，它们才对我们现身。

本章将重点介绍六种动物，探究人类和动物世界之间的界限，以及野生动物与驯养动物之间的界限。从老鼠开始，本章展示了这些界限是多么漏洞百出：老鼠是在城市中繁衍壮大的动物，但在我们的想象中，它们仍然是"野生"的——它们那极快的繁殖和扩散速度，以及它们与肮脏和疾病之间的联系，使我们不愿意让它们出现在我们的脑海中。同样，蝙蝠的外貌和生活方式也非常奇特，它们发现人类建造的建筑可以满足它们的需求：位于得克萨斯州奥斯汀的南国会大桥就是最著名的例子之一，在夏季，那里容纳了数百万迁徙的蝙蝠。与老鼠和蝙蝠一样，本章讨论的第三种动物——狐狸也生活在城市的边缘，它们流窜于城市中，挑战着我们对"野生"动物的分类和定义——尤其是野生动物究竟应该生活在哪里。狐狸攻击人类的新闻报道（非常罕见）经常伴随着人们歇斯底里的情绪，"城市狐狸"这一不同寻常的称谓就表明，这种动物实际上应该在其他地方安家。

本章后半部分的重点转移至同样是野生动物，但"野生"程度稍弱的驯化动物。在这里，建筑学的主要关注点是动物和人类建造的世界在内部与外部的区别。如今，蜥蜴作为宠物越来越受欢迎，因此，关于蜥蜴的章节重点关注饲主为它们建造的"家园"，即玻璃缸或饲养室。与此截然不同的是，恐龙——远古的"巨型蜥蜴"——偶尔会以建筑物的形式出现，更为常见的是作为骨骼出现，它们是功能主义设计的动物典范。同样，当今最大的陆生动物——大象也常常成为建筑的隐喻，大象长期以来象征着力量与权力，因此许多建筑和纪念碑都形似大象。最后，我们的近亲——猿类常常被视为人类低级本能的动物化身，即体现了我们自身的动物性。两部著名的猿类虚构作品《人猿星球》和《金刚》对以下问题进行了推断：如果人类失去了所谓的进化优势，猿类在建筑和城市中将会有什么举动。

因此，对于建筑设想和城市本身来说，野生动物有着多种定义。这本身就挑战了传统的动物分类，即野生动物、驯养动物和野化动物；在恢复所谓的原始自然栖息地的争论中，这些分类往往被简化。例如，英国作家乔治·蒙比奥特在《野化》（2013 年）一书中慷慨激昂地主张"再野化"，建议将英国的整个畜牧业景观替换为过去的"自然生态系统"，让狼和猞猁等曾经的本地特有动物回归。[2] 这一论点的核心问题在于，它首先就预设了人类与动物、自然与文化、野生与驯化是相互分离的。在"人类世"，这些分类被揭示为浪漫的幻想。如今，地球上最原始的生境——南极大陆，是受气候变化影响最严重的地区之一，而我们从城市丢弃的塑料，最终在太平洋最偏远的区域形成了有毒的陆地。仅是这些令人不安的事态发展（还有其他无数可能的发展方向）就有力地提醒着我们，世界上没有任何事物不受人类行为的影响。也许，与其为这一事实而哀叹，并相信自然与建筑环境之间的牢固界限能够以某种方式得到恢复，我们倒不如拥抱这些令人不安的裂痕。也许事情会向更丰富、更积极的方向发展，也就是伊万·伊里奇早在 1973 年就提出的"共生",这种共同生活的理念并没有回避人类所造成的巨大破坏,同时也为未来发展出更加健康与相互支撑的物种关系带来了希望。[3]

鼠

正如第一章所探讨的,对于勒·柯布西耶等现代主义建筑师来说,蜂巢是对理想人类社会的有力隐喻。蜂巢中密密麻麻的六角形巢房,以及蜜蜂温顺的个性,似乎都暗示着人类可以在高层建筑的标准化居住空间中生活得很好。但是,从 20 世纪 40 年代末开始,另一类动物——啮齿动物,尤其是各种老鼠,直接挑战了这种现代主义的理想化人类居住模式——标准化和密集化。[4]

自 19 世纪中期以来,不管是大鼠还是小鼠,一直都是实验室里的实验动物,然而直到 20 世纪,人们才开始用啮齿动物来研究动物如何解决问题,并为啮齿动物建造设计了迷宫和谜题箱。[5] 从 1947 年到 20 世纪 70 年代初,人类学家约翰·卡尔霍恩建造了一系列日益复杂的建筑,供大量老鼠居住,卡尔霍恩称其为"老鼠城市"。在 1942 年约翰斯·霍普金斯大学啮齿动物生态学项目的支持下,卡尔霍恩的实验研究了过度拥挤对啮齿动物种群的影响。这些实验反映了人们对战后人口激增的担忧。卡尔霍恩的建筑特意模仿了 20 世纪 50 年代后兴建的大量城市高楼:老鼠的巢穴空间垂直堆叠,

约翰·卡尔霍恩在巴尔的摩的约翰斯·霍普金斯大学建造的"老鼠城市"之一，1970 年

楼梯间和其他空间迫使这些啮齿动物经常相互接触。卡尔霍恩发现，过度拥挤导致啮齿动物群体出现严重的病态行为，他用拟人化的语言对这些病态行为进行了形象的描述：占统治地位的老鼠变成了"暴君"，有暴力倾向的幼鼠是"少年犯"，攻击幼鼠的母亲是"虐童者"。对于卡尔霍恩来说，他的发现与人类的相关性再清楚不过了：现代主义建筑乌托邦实际上是"行为沉沦"，会对其中的居民产生灾难性影响。[6]

　　尽管有批评家指出，只用一种动物来替代人类有很大问题（老鼠可能只占被研究过的动物的 0.001%），但卡尔霍恩的微型城市"地狱"在很大程度上摧毁了现代主义对蜂巢城市的信仰。高层大规模住宅越来越受到刘易斯·芒福德和奥斯卡·纽曼等城市问题批评家的指责。[7]然而，最近世界各地城市中豪华高层建筑的重新兴起，让我们重新发现，这些实验建立在保守的、反城市的理念之上，将密度与退化等同起来。就像对蜂巢建筑持有美好愿景的现代主义者所反对的那样，卡尔霍恩的实验也是基于对控制的渴望，这种渴望源于一种长期存在的恐惧，即需要受到约束的只有城市贫民，而不是那些特权阶级，因为后者被假定为举止更优雅的群体。

正如前一章所探讨的，在19世纪的伦敦，城市贫民区通常被视为具有动物般的品质，秃鼻乌鸦群栖地只是其中的一种动物形象。中产阶级评论员在这些环境中发现了许多超越人类的东西，包括真实的和象征性的啮齿动物。例如，托马斯·比姆斯在描述圣吉尔斯的贫民区时，将其中心描述为"老鼠城堡"，这是一间臭名昭著的酒吧，是名副其实的"罪恶巢穴"。狄更斯在《荒凉山庄》中描述圣吉尔斯时，则大量使用了令人作呕的自然隐喻：就像城市里的老鼠一样，那里的人"从墙壁和木板的缝隙里爬进爬出，把自己卷成一团，像蛆虫一样睡着了"。[8]

这些令人不安的隐喻不仅是维多利亚时代中产阶级想象力的产物——他们担心（也许最担心的就是）城市贫民的革命性崛起——也反映了老鼠与疾病、贪婪的食欲（包括同类相食）以及邪恶天性之间有着更长久的联系。尽管疾病（尤其是鼠疫）与老鼠之间的联系直到1898年才在法国得到证实，但这些啮齿动物长期以来一直被视为疾病和其他不幸的预兆。原因主要是它们对人类的密切依赖，更具体地说，是对人类产生的废弃物的依赖，随着城市化的不断提高，这种依赖日益加深。[9]正如乔纳森·伯特所言，老鼠不断地"冲向为遏制它们而设置的边界"，就像中产阶级观察家所担心的19世纪伦敦的城市贫民一样。[10]常言道，"在城市中，你和老鼠之间的距离永远不会超过2米"，这种说法尽管可能有些夸张，但人类一直担心啮齿动物会肆无忌惮地大量繁殖——它们的繁殖能力极强（雌性老鼠从出生到性成熟仅需三个月，每年可多次繁殖后代）。例如，记者亨利·梅休在其出版的《伦敦劳工与伦敦贫民》（1851年）一书中，用很长的篇幅介绍了城市中的杀鼠和灭鼠活动，并指出了令人震惊的事实：如果在理想的栖息地，一只雌鼠一年可以产下10窝幼鼠，那么在短短四年内"一对老鼠的后代就可能有300万只"[11]。

梅休用大量篇幅描述了在维多利亚时代中期的伦敦以老鼠为基础的各种活动，既有力地证明了城市中人与动物的密切联系，也对即将失去这种物种间的纽带发出了怀旧的哀叹。这是因为，就在梅休对老鼠进行研究的同时，伦敦新的下水道系统也在筹备之中。它最终于19世纪60年代建成，人们认为这场卫生革命不仅能消灭在城市地下空间栖息的老鼠，还能清除杰克·布莱克（"女王的捕鼠人"）之类的人物，以及斗鼠等邪恶的活动——在酒馆中专门设计的"坑"里，让狗竞相残杀老鼠，并以数量取胜。[12]然而，尽管卫生状况得到了普遍改善，但即使在最干净的城市里，老鼠也依然猖獗。21世纪初，罗伯特·沙利文对在纽约市定居的老鼠进行了研究，发现城市里到处都是这些令人嫌恶的居民。城市混凝土人行道上的细小缝隙、老式建筑的地下室、地铁隧道的断壁残垣，以及狭窄的小巷，都为褐家鼠提供了充足的栖息空间。城市中的这些洞隙是老鼠的理想栖息地，尤其是靠近人类产生的食物垃圾的地点。沙利文认为，老鼠和人类一样，能够构建自己的城市心理地图。老鼠非常熟悉自己的家园，通常那只是一个街区，或只是一条小巷，"在老鼠的肌腱深处，它们了解历史"[13]。

正如沙利文与灭鼠专家的谈话所揭示的那样，这些动物与城市中被忽视的角落密切相关——"一些有故事的地方由于某种原因而被遗忘了"[14]。难怪在虚构作品中，老鼠经常出现在怪兽出没的城市地下世界，比如《老鼠》（1973 年）——一部以一群生活在现代化巴黎地下墓穴中的颠覆性乌托邦主义者 / 恐怖分子为中心的隐喻性影片——以及讲述了伦敦地下存在着一个可怕人类杀手的电影《地铁惊魂》（2005 年）。

许多人对城市中老鼠的存在感到厌恶，因为老鼠有能力跨越我们认为不可侵犯的边界：老鼠的骨骼非常柔韧，它们可以把自己的身体挤进狭窄的缝隙。然而，我们也可以从更积极的角度来解读老鼠在城市里穿梭于隐蔽缝隙的能力。两部著名的奇幻小说——尼尔·盖曼的《乌有乡》（与 1996 年英国广播公司播出的电视连续剧同时创作）和柴纳·米耶维的《鼠王》（1998 年），颠覆性地重新想象了 20 世纪 90 年

伦敦下水道中出现的褐家鼠

代的伦敦，将老鼠描写为强大的图腾动物。《乌有乡》讲述了理查德·梅休（他的姓氏直接参考了维多利亚时代的冒险家）的冒险故事，他在城市的地下空间发现了一个隐藏的世界——"下伦敦"，那里有神话般的人类和动物。在那里，老鼠，或者说其中的老鼠大人，是这座城市名副其实的统治者：这种啮齿动物贵族口齿伶俐，它们发出的吱吱声只有耳朵灵敏的人才听得懂。[15]

《鼠王》有着更为阴森的恐怖感，作者想象主人公绍尔·杰拉蒙德横跨于城市的多个垂直层级。米耶维小说的标题借鉴了可怕的"鼠王"现象——这种现象十分罕见，即几只老鼠（在一个已知案例中多达 30 只）的尾巴永久地纠缠在一起。[16] 米耶维小说中的鼠王是一种完全不同的怪物：绍尔很早就发现自己其实是半人半鼠——一个在城市阴影中生活了几个世纪的人兽混血部落的成员。绍尔的任务是从叫作"吹笛手"的可怕恶棍手中拯救自己的部族，他发现自己的老鼠身份使他拥有全新的力量——他可以登上城市的高处，也可以通过裂缝下到城市的深处，但他始终是人类社会的弃儿。在小说的后期，不管是在字面意义还是在象征意义上，故事中的绍尔都强烈地感受到建筑环境是多孔的，布满了裂缝。他站在埃奇韦尔路附近的一处二战炸弹爆炸旧址上，感受到了这座城市的脆弱："建筑物的底层，是在美学外表下的柔软……从背后看，城市的功能毫无防备地暴露无遗。"[17]

这两部小说将人类和动物的放逐者与实际的建筑环境等同起来，对老鼠和城市进行了政治解读。它们描绘了一座植根于顽固社会阶级分化的城市，而这种分化似乎与城市本身的垂直地理环境——从高高的屋顶到地下的下水道和隧道——有着千丝万缕的联系。然而，这座无形的城市一直为老鼠所熟知，老鼠也许是最强大的城市真相揭示者，它们在所有我们不愿看到的地方活动，与所有我们不愿看到的人在一起。

蝙　蝠

如果说老鼠是人类的"影子动物"——总是离我们很近，但又在我们的视线之外——那么蝙蝠可以说是我们的"反面物种"。人类学家罗伊·瓦格纳认为，蝙蝠和人类是彼此"内外"相反的。蝙蝠只在夜间活动，白天倒挂着睡觉。小蝙蝠亚目的蝙蝠可以通过回声定位来感知世界，它们发出的高频声波从物体表面和其他动物身上反射回来，使蝙蝠能够"看到"周围的世界。对于大多数动物，尤其是对于人类来说，声音通常被认为是来自"体外"，而在"体内"进行处理的；而对于蝙蝠来说，情况恰恰相反——它们向外发射声波，对世界的感知方式与我们的正好相反。[18]此外，蝙蝠的理想栖息地是漆黑的洞穴，人类长期以来惧怕这种阴森恐怖的空间，这或许是因为洞穴会让我们不由自主地想起远古祖先的生活，他们在这些地下空间举行神圣的仪式，以此来缓解对死亡和其他生物（无论是否可见）力量的原始恐惧。[19]

蝙蝠洞启发了无数有关蝙蝠侠的虚构作品，20世纪30年代，蝙蝠侠这一超级英雄形象在日本和美国文化中首次登场，自20世纪60年代以来，又出现在无数的电视、电影和真人表演中。这些作品的基调既有严肃认真的（如克里斯托弗·诺兰著名的电影三部曲），也有嬉笑怒骂的（如20世纪60年代的电视连续剧）。[20]在所有蝙蝠侠作品中，洞穴都是连接人类和蝙蝠的重要空间。例如在诺兰的《蝙蝠侠：侠影之谜》（2005年）中，布鲁斯·韦恩在他祖居地最深处的地下空间中建造了他自己的蝙蝠洞。[21]正是在这里，韦恩掌控了他对蝙蝠的原始恐惧，这种恐惧源于他的童年创伤：在他自己掉到井下——蝙蝠出没的地下世界后不久，他的双亲就被杀害了。在诺兰的三部曲中，蝙蝠洞演变成了打造科技奇迹的实验室——原始的有机空间变成了人类统治的空间——普罗米修斯与其说是未被束缚，不如说是被彻底掌控。

人类征服地下洞穴的欲望，本质上是试图推翻蝙蝠的所谓不合理的领域：我们想要纠正蝙蝠"颠倒"的生存状态，将光明带入蝙蝠阴暗家园的每一个角落。然而，真正的蝙蝠能否继续生存，取决于这些阴暗空间能否不被侵犯。例如，每年夏天，得克萨斯州圣安东尼奥附近的布拉肯洞穴中都栖息着世界上最大的蝙蝠群：2 000 万只墨西哥无尾蝠（*Tadarida brasiliensis*）在黎明和黄昏时分穿梭于这个地下世界，形成一片巨大的蝙蝠云，英国艺术家杰里米·戴勒在其影片《记忆桶》（2003 年）和《出埃及记》（2012 年）中捕捉到了这一场景。[22] 虽然该洞穴及其周围环境如今受到国际蝙蝠保护组织的保护，但人类的开发对其他许多蝙蝠的栖息地造成了负面影响，不仅扰乱了蝙蝠的地下夜栖场所，也会毁坏蝙蝠栖息的树木。

1925 年，得克萨斯州的医生查尔斯·A. 坎贝尔认为，布拉肯洞穴和其他洞穴中栖息的蝙蝠实际上是"环卫工作者"，它们不仅能吃掉庄稼地里引起麻烦的昆虫，其粪便还能为农业提供宝贵的肥料，蝙蝠的粪便在其夜栖的洞穴中大量堆积（在布拉肯洞穴地面堆积的高度达 20 米）。[23] 作为驯化蝙蝠并收集其"黑金"计划的一部分，坎贝尔于 1914 年在圣安东尼奥建造了一座巨大的蝙蝠屋，里面容纳了数以万计的蝙蝠居民。这座由木材构筑的截顶金字塔式建筑高 6 米，安装在四根高耸的木质支架上：屋顶上的醒目的十字架无疑是一种装饰，象征着蝙蝠长期以来与恶魔力量的不祥联系。坎贝尔将他的发明称作"市政蝙蝠屋"，它可以在任何地方进行复制；随后，坎贝尔设计了 16 座蝙蝠屋，但唯一保留下来的是得克萨斯州康福特镇附近的"健康永驻蝙蝠屋"（1918 年），蝙蝠仍在那里执行着控制蚊子数量的"任务"。

近年来，为蝙蝠提供人工住所开始成为一些艺术家和建筑师持续关注的问题。杰里米·戴勒于 2009 年发起了一场

查尔斯·A. 坎贝尔的"市政蝙蝠屋"（1914 年）坐落于得克萨斯州康福特附近，在 2009 年进行了重建

由约根·坦德伯格和村田洋设计的蝙蝠屋，于 2010 年安装在伦敦湿地中心

"蝙蝠之家"竞赛：获胜方案由约根·坦德伯格和村田洋设计，在巴恩斯的伦敦湿地中心建成。与坎贝尔的塔形建筑相比，该建筑结构更加复杂，它由汉麻混凝土（一种可生物降解的火麻和石灰混合物）制成，表面上的孔洞图案设计旨在让塔楼通风，以使夜栖地保持适宜的温度（就像洞穴一样）。[26] 2012年，肯塔基州为灰色鼠耳蝠（*Myotis grisescens*）建造了世界上第一个人工蝙蝠洞，更真实地再现了蝙蝠最喜爱的夜栖地。该建筑专为蝙蝠冬眠而设计，人工洞穴内部营造了寒冷的环境，混凝土表面有可抓握的物体，如卷曲的带子、螺旋形金属，以及挂在天花板上的编织网，为蝙蝠提供了现成的"栖木"。这个人工蝙蝠夜栖地有24小时摄像监控，保护者试图借此阻断"白鼻综合征"的传播。"白鼻综合征"是一种由真菌导致蝙蝠死亡的病症，它会使蝙蝠过早地从冬眠中醒来，从而因缺乏昆虫食物而饿死。[27]

在得克萨斯州奥斯汀的南国会大桥上，蝙蝠选择了一座人造建筑作为它们的夜栖地。20世纪80年代初，人们对大桥进行了翻修，无意中为迁徙的墨西哥无尾蝠提供了理想的栖息地。如今，在夏季的几个月里，这座桥是近150万只蝙蝠的家园；它们每天在日落时分出没，吸引了众多人类观察者，这座城市甚至将蝙蝠作为吉祥物，并在每年8月举办"蝙蝠节"。[28] 得克萨斯大学奥斯汀分校建筑系的学生建议建造一个蝙蝠观察站来接待这些游客。他们提议，观察平台不仅可以容纳蝙蝠观察者，还将所处的环境改造为沉浸式奇观——这是一个蝙蝠翅膀造型的平台，可捕捉这种动物飞行时产生的空气动力。[29]

2012 年，美国建筑师乔伊斯·黄在布法罗附近的蒂夫特自然保护区设计了一种非同寻常的"蝙蝠云"——悬挂在五棵树上的由容器组成的顶棚。[30]这些结构除了可以为蝙蝠提供栖息之处，还旨在提高人们对蝙蝠的认识——蝙蝠在维持健康生态系统中发挥着意想不到的重要作用。与戴勒一样，黄也对蝙蝠情有独钟，她的其他几个项目都以蝙蝠为中心进行设计。她在布法罗附近的格里菲斯雕塑公园建造的蝙蝠塔，也许是她最引人瞩目的项目。这件雕塑作品既是经过精心设计的蝙蝠之家，又是引人注目的美学作品，旨在吸引公众的关注。蝙蝠被附近池塘里聚集的昆虫所吸引，而安装在塔顶附近的"着陆垫"和塔表面上的凹槽图案则帮助蝙蝠爬上高塔并紧贴塔顶。正如黄所说，造型独特的蝙蝠塔与传统的"现成"蝙蝠屋形成了鲜明对比，这些蝙蝠屋在市场上销售，供人们安装在自己的房子上或房子里面，往往功能平平。黄认为，在她的蝙蝠屋里兼顾两个不同物种的需求并不矛盾：设计中的美学元素与蝙蝠的需求同样重要。[31]

但是，我们知道蝙蝠真正需要的是什么吗？哲学家托马斯·内格尔在 1974 年发表了著名文章《成为一只蝙蝠是什么感觉？》，这篇文章在对人类或其他动物意识的研究中经常被

乔伊斯·黄在布法罗附近的蒂夫特自然保护区制作的蝙蝠云装置，2012 年

引用，并在前文中被用来介绍本书的主题。[32] 内格尔的结论是，我们人类确实无法理解蝙蝠（或其他任何动物）的"异类"感知。在内格尔看来，人类的感知力和想象力都被自己的主观性牢牢禁锢。正如本书导言中所叙述的，小说家 J. M. 库切向内格尔提出了挑战，他断言，就像小说家能够通过思考"进入一个从未存在过的生命，我也能通过思考进入一只蝙蝠、一只黑猩猩或一只牡蛎，与它们共享生命的本质"[33]。

有一个关于蝙蝠与人类关系的精彩故事，让这场哲学辩论有了现实的基础。澳大利亚播音员理查德·莫克罗夫特在 1991 年出版的《养育阿奇》一书中，讲述了他收养一只灰头

乔伊斯·黄在格里菲斯雕塑公园建造的蝙蝠塔，2010 年

狐蝠（*Pteropus poliocephalus*）的经历，这种蝙蝠属于大蝙蝠亚目，无法进行回声定位，但按照内格尔的观点来看，它仍是彻头彻尾的"异类"。莫克罗夫特需要以代理家长的身份努力教年幼的蝙蝠飞行，无奈之下，他只能拍打双臂，笨拙地模仿飞行动作。这个简单的小把戏起了作用：阿奇弯曲翅膀，飞了起来，落在了莫克罗夫特的头上。[34] 当时，阿奇以某种神秘的方式认出了人类展示的飞行动作，并做出了回应。正如泰莎·莱尔德所言，在这一时刻，阿奇发现了"通过模仿人类来成为一只蝙蝠是什么感觉"[35]，从而跨越了物种间的鸿沟。

狐　狸

　　长期以来，以地下或洞穴为家的动物一直是放纵的兽性的有力象征，人类的智慧和理性理应超越它们，但实际上只能压制它们。在欧洲中世纪，狐狸可以说是最能体现这些力量的动物，尤其是在当时最流行的童话故事之一《列那狐》中，主角就是一只赤狐（*Vulpes vulpes*）。故事由威廉·卡克斯顿于1481年首次用英语出版，他从中古荷兰语翻译了这个故事；不过这个故事可以追溯到更早的史诗，其本身就是根据古代《伊索寓言》改编的。在这个多语种故事中，狐狸是中心角色，它经常给遇到的人制造麻烦。为了躲避敌人的追捕，列那狐建造了一座名为马贝度的城堡，它是狐狸在现实中居住的地洞的幻想升级版。[36] 马贝度拥有迷宫般的通道，无数的出入洞口、死胡同和密室，在建筑设计上不仅体现了狐狸是一种极其隐秘的动物，还体现出它拥有"狡猾的地下智慧"，使它能够"躲避敌人并预测它们的攻击"。[37]

当然，在现实中，狐狸的洞穴是一种相对普通的结构，或者说是通过挖掘便可以得到的：最常见的狐狸洞穴是在地上挖的洞，洞口通向一个掏空的"房间"，狐狸在里面休憩和哺育幼崽。但是，就像故事中的马贝度城堡一样，现实中狐狸的洞穴通常也有多个出入口——博物学家罗纳德·诺瓦克提到过一个总共有 19 个出入口的洞穴案例。[38] 洞穴的建造也体现了狐狸的智慧：它们通常会开凿一个"水管"形的入口，隧道先是下降，然后上升，最后再下降，形成一个"止水处"。有些狐狸还会建造侧边通道，为大家庭创造更多空间，或者在洞穴内挖掘一个直角转弯处，以阻止捕食者和洪水进入。[39] 18 世纪时，布封伯爵认为狐狸的这种设计能力证明了它们具有审美判断力，尤其是狐狸所设计的通道既能隐藏自己，又方便自己逃离捕食者。布封认为狐狸具有"高尚的感情"，这与人们将狐狸视为人类邪恶化身的传统观念截然不同。[40]

狐狸的地洞有各种各样的叫法——窝、土洞、兽穴、巢穴，这些名称也被用于其他很多动物所挖掘的洞穴，其中包括哺乳动物（獾、熊和兔子）、鸟类（企鹅和海雀）、爬行动

一只赤狐从洞穴里探出头来

物（蛇和蜥蜴）及昆虫（蜘蛛和地花蜂）。[41] 不管是对动物还是对人类来说，在地下居住都很有吸引力，人们通常认为居住在地下更加安全，可以更方便地保护自己的家园，免受外界环境和不速之客（无论是捕食者，还是意欲侵占巢穴者）的侵扰。尽管弗朗茨·卡夫卡在创作于1924年的故事《地洞》中没有明确说明动物叙述者的身份或性别，但它身上具有布封伯爵所推崇的狐狸的智慧。卡夫卡的"地洞"诞生于智慧和努力，是一种以数学为基础的构造，目的是使地洞不被入侵者发现。正如动物叙述者所解释的那样，地洞入口处的大洞只是一个诡计，它通向一堵石墙；石墙内有多个密室，动物在里面睡觉，而洞穴中心有一座"城堡"，里面存放着珍贵的食物。在这座地下巢穴中，设计师与居住者合二为一。[42]但是，正如卡夫卡笔下的动物在整个故事中担心的那样，"完美"的地洞最终变成了坟墓——凶猛的捕食者从地洞下方攻破了精心设计的防御。卡夫卡的故事告诉我们，无论你认为自己的家有多么安全，你都无法摆脱自内而外的焦虑。

J. M. 库切受到了卡夫卡的启发，在《迈克尔·K 的生活和时代》（1983 年）中也描述了类似狐穴的住所。[43] 故事中的主人公回到南非草原某处的祖宅后，决定在附近一道狭窄的缝隙里建造自己的庇护所，将自己隐藏起来，以躲避动荡不安的外部世界。随着时间的推移，迈克尔·K 的行为越来越像一只狐狸，变得"如此喜欢黄昏和黑夜，以至于日光刺痛了他的眼睛"。然而，与卡夫卡笔下焦虑的动物叙事者不同，迈克尔·K 平静地躺在洞穴中，他的感知逐渐减慢，"他自己逐渐屈服于时间……像油一样从地平线开始缓慢地流过世界的每一个角落，冲刷着他的身体"。[44] 洞穴本身就是"漫不经心"和"临时搭建"的——"不经意间就会被遗弃"。当迈克尔·K 最终被路过的士兵发现时，他离开了自己的洞穴，因为他知道"我们都必须离开家，毕竟，我们都必须离开母亲"。[45] 这种对洞穴的苦乐参半的解读，将洞穴作为异化的成年生活的暂时喘息之所，使卡夫卡的动物叙述者人性化了——即使他和狐狸一样，仍然坚定地站在（人类）社会的边缘。

在库切的故事中，迈克尔·K 的洞穴超越了传统的家庭构筑形式，但它也触及了我们内心深处对原始亲密关系的渴望。狐狸也被人类视为侵略性动物，尤其是近年来，城市中丰富的食物和现成的栖息地，使城里狐狸的数量大幅增加。与老鼠类似，狐狸在城镇中往往占据独特的领地；它们在棚屋和其他临时建筑下挖掘洞穴，每天在领地内走相同的路线，在人类建造的环境中创造出独特的"狐狸生境"。[46] 狐狸还经常出现在意想不到的地方，有时甚至会造成可怕的后果。2010 年 6 月 7 日，英国媒体报道称，一对九个月大的双胞胎被城市里的狐狸咬成重伤：在一个温暖的傍晚，双胞胎的父母没有关门，狐狸闯入了伦敦斯托克纽因顿的这户人家。一场道德恐慌随之而来，数十家媒体发表文章，谴责这个非人类"肇事者"的野蛮行为。[47]

正如地理学家安吉拉·卡西迪和布雷特·米尔斯所言，英国媒体对狐狸袭击事件的反应基于这样一个事实：这只特殊的动物"触犯了人类、动物和'自然'周围所划定的社会界限"。首先，这只狐狸出现在它不应该出现的地方：这只狐狸闯入了人类的家园——一个应该让我们感到安全并远离"野生"环境的地方，它越过了所谓的不可侵犯的界限。事实上，这只狐狸的行为揭示了这一界限并非"自然"构建，而是完全人类中心主义的。狐狸在它跨过人为界限的那一刻成了"野兽"；正是在这一刻，它从"野生"动物变成了恶意入侵者，与狗等家养动物形成了鲜明对比，后者虽说比狐狸更频繁地攻击人（尤其是儿童），却从未被这样描述过。

不过，城市狐狸也有另一面，它们有重建新型物种关系的能力。2021 年 4 月初，在新冠大流行的第二年，伦敦仍然异常宁静，《卫报》专栏作家蒂姆·道林报道了他的宠物狗和一只城市狐狸之间建立的奇特关系。半夜，道林被狗叫声惊醒，发现一只狐狸正在花园里耐心等待。原来，狗和狐狸成了玩伴——他经常看到狐狸在路灯下等待狗的出现，甚至模仿狗的叫声来吸引它的注意。[48] 这种物种间的奇妙结合让

在柏林，一只赤狐正在穿越街道

人不禁意识到，在城市中，人类可能并不是所有事物的中心，在未经我们"同意"的情况下，其他动物之间的关系正在不知不觉地改变。

民间故事中时常会提到狐狸与其他动物的沟通能力。在安第斯山脉，狐狸被称为"大地之子"，生活在那里的原住民非常崇拜狐狸，原因是狐狸具有与土地沟通的能力，并能够洞察人类无法察觉的事件。在这种积极的解读中，狐狸可以帮助人类面对无法控制的力量，为人们提供了贴近土地生活的典范：狐狸的"灵力"来自地下，等同于土地生生不息的力量。[49]虽然在城市中，土地大多被不透水的沥青和混凝土所覆盖，但无论对于人类，还是对于其他生物来说，土地仍是所有生命的最终依托。地下世界可能布满了下水道、管道、隧道和地铁网络，但这些人工空间提醒我们，人类就像狐狸一样，也依赖着来自地下的力量。

蜥　蜴

地下巢穴是很多动物的家园，其中包括蛇和蜥蜴等爬行动物。岩石间与岩石下的凉爽处，或地面凹陷处，为爬行动物提供了躲避天敌和调节体温的绝佳场所。作为冷血动物，爬行动物体温的主要来源是阳光，因此，在地中海地区的早晨，人们经常可以看到蜥蜴在岩石上晒太阳。到了中午，蜥蜴会到洞穴里乘凉。洞穴也是蜥蜴休眠越冬之处，它们一直休憩到来年春天，天气重新暖和起来。蜥蜴会将任何可利用的洞穴作为救生场所，无论是岩石间的缝隙、其他动物的洞穴、砾石、沙床，还是废弃的建筑物、住宅或其他建筑物的地下空间。[50]

2012 年，新西兰设计师勒妮·戴维斯、克里斯·德·格罗特和马丁·博尔特设计并建造了"假体蜥蜴之家"，即将蜥蜴的人工巢穴与建筑的绿色屋顶融为一体。这个项目的"客户"是当地的特有爬行动物——欧里石龙子（*Oligosoma aeneum*），地点位于新西兰北岛的一个绿色屋顶。人工巢穴是用陶瓷 / 混凝土混合物制成的扁平箱形结构，部分沉入绿色屋顶的泥土中。建筑的内部被掏空，形成一系列相互交错的连锁空间，为石龙子提供了可以钻入的壁龛。屋顶保护巢穴免受雨水侵袭，并将冷空气聚集在里面，巢穴底部还安装了一个蓄水池，供石龙子饮水。试验性的人工巢穴在建成后不仅吸引了当地的石龙子，还吸引了蟋蟀等穴居昆虫。在地下环境中，这种物种间的共居很常见，地下的领地通常不像地面上区分得那样严格。[51]

如今，越来越多的人选择饲养爬行动物作为宠物，对于他们来说，现成的巢穴往往远没有假体蜥蜴之家那样复杂。在亚马孙网站上粗略地搜索一下，你就会发现在售的蜥蜴巢穴种类繁多，如微型塑料洞穴、切成两半的椰子壳和原木，还有一些看似"庸俗"的巢穴建筑，如迷你霍比特人之家，甚至是人造头骨。[52] 对于潜在的爬行动物饲养者来说，购买巢穴只是为他们选择的宠物创造人工环境的一部分，更大的工程通常要包括一个温度可控的玻璃缸，即温控饲养缸。[53] 自 19 世纪中叶以来，世界各地的动物园都会建造爬行动物馆——大多是按比例放大的饲养缸，重点是将各种外来爬行动物和两栖动物饲养在单独的缸中，并将其排列在特定的建筑物内。尽管玻璃缸的主要作用是为这些物种提供栖息地，但爬行动物馆本身的建筑风格多种多样，包括 1926 年伦敦动物园建造的意大利风格场馆（这是该动物园连续建造的第三座爬行动物馆）、1931 年华盛顿史密森尼国家动物园建造的拜占庭复兴时期风格的爬行动物馆（以恐龙作为装饰）、都灵当地的建筑师恩佐·文图雷利设计的现代主义风格都灵爬行动物馆；此外还有坐落于南达科他州爬行动物园的世界上最大的场馆——有三层楼那么高的"天空穹顶"，它是等比例放大的饲养缸，里面饲养着种类繁多的爬行动物。[54]

在罗根·费尼根的电影《生态箱》（2019 年）中，玻璃缸不是为爬行动物设计的，而是为一对毫无戒心的人类夫妇设计的。这对夫妇在一个貌似蜥蜴的房产中介的带领下来到美国郊区，那里的每栋房子都一模一样。而后，他们发现自己无法离开，整片住宅区就像一只巨大的生态缸，自己似乎被封闭在看不见的玻璃墙内。后来影片透露，那里的人类被一个类人的外星种族囚禁着，这个种族把人类当作养父母，养育他们的奇异

南达科他州爬行动物园的内部景观

后代。尽管费尼根表示影片的设定来自杜鹃的生活史（杜鹃会
在其他鸟类的巢中产卵），但影片的名字以及人物所处环境的
地理和建筑风格也暗示了爬行动物元素。影片促使我们思考强

制囚禁与无休止重复对人类和其他物种的心理影响，以及我们自身作为无所不在的观察者的存在——像外星人一样，透过现实生活的透明玻璃缸进行窥视。这种物种角色的反转令人感到匪夷所思，它也将平淡无奇的郊区等同为施加残忍囚禁之地，无论是对非人类，还是人类自己。

在《生态箱》中，外星人和人类的爬行动物特征在一定程度上源于曾经流行的"蜥蜴脑"概念，该理论认为，脊椎动物的大脑是通过漫长的岁月积累进化而来的。这一理论由保罗·麦克林于 20 世纪 60 年代提出，并由卡尔·萨根在《伊甸园之龙》（1977 年）中加以推广，其理论基础是，大脑的第一层是"爬行动物脑复合体"，即负责攻击、领地行为和统治欲望的部分（其他两层则相继"文明化"，增加了其他潜能，包括更复杂的情感、思维和行为）。因此，人类最野蛮的行径——无论是战争、恐怖主义还是其他类型的暴力，都可以被归咎于"蜥蜴脑"，爬行动物因其有限的认知能力和本能的残暴而被视为原始的史前人类。尽管这一概念现已被推翻——科学家承认蜥蜴的智力远比这一模型所暗示的复杂——但它在大众的想象中仍然是有影响力的隐喻。例如，为了抗议唐纳德·特朗普在 2016 年当选美国总统，得克萨斯州的一个交通标志被黑客临时攻击，上面写着"唐纳德·特朗普是一只会变形的蜥蜴"。事实上，"我们的领导人实际上是伪装成人类的外星爬行动物"这一令人难以置信的观点仍然广为流行——此现代阴谋论通过英国广播公司前体育评论员大卫·艾克于 1999 年出版的《最大的秘密》）一书而广泛传播。

J. G. 巴拉德在 1962 年出版《淹没的世界》时，蜥蜴脑理论还是一个新概念，它有力地支撑了这部小说以及巴拉德的其他大部分作品。《淹没的世界》描绘了幻想中的未来伦敦：太阳辐射突然增强，导致全球迅速变暖，伦敦淹没在由极地冰原融化造成的巨大洪水中。巴拉德的小说并没有就气候变化的破坏性影响提出正面的警告，而是用城市环境的极端变化来反映主人公凯兰斯经历的心理退行。巴拉德为"蜥蜴脑"的这种回归构建了一个直接的元理论，他想象伦敦从前的办公楼里到处都是巨大的鬣蜥，这种爬行动物预示着地球将回到恐龙所经历的环境。鬣蜥无精打采地躺在曾经的会议室里，它们是人类老板的动物继任者，而人类老板曾经在这些办公空间里统治着这座城市。[55]

巴拉德生动地描绘了一个类似于远古时代的未来世界，那个时代的恐龙也备受大众喜爱，尽管科学家们现在认为恐龙与鸟类的共同点远远多于其他物种，但很多人仍然将恐龙理解为巨大的蜥蜴。1854 年，在古生物学家理查德·欧文于 1841 年创造出 Dinosauria（衍化自古希腊文，意为"恐怖的蜥蜴"）一词后不久，雕塑家本杰明·沃特豪斯·霍金斯就将恐龙栩栩如生地展现在世人面前。[56] 霍金斯制作出 15 件与实物大小相同的灭绝动物模型，最近这些模型得到了修复，并依然保存在位于西德纳姆的原址，其中包括一件长达 11 米，以铁制骨架支撑，用水泥、瓦片和石头填充而成的禽龙模型。霍金斯还用这件特殊的模型举办了一次不同寻常的活动：1853 年跨年夜，包括理查德·欧文在内的 21 位维多利亚时代的知名人士在禽龙模型体内举行了晚宴，并由《伦敦新闻画报》进行了报道。这一宣传噱头在当时并不罕见，是维多利亚时代特有的科学与炫技的结合。晚宴独特地展示了恐龙的巨大体形、恐龙与现生动物的关系，以及恐龙在演化过程中显而易见的失败。通过在恐龙体内进餐，人类将自己的文明带入了曾经的地球霸主的残骸中。

本杰明·沃特豪斯·霍金斯在禽龙模型内邀请21位维多利亚时代的名人参加晚宴，刊登于 1853 年 12 月 31 日的《伦敦新闻画报》

建筑历史学家纳撒尼尔·沃克指出，霍金斯将他的恐龙雕塑作为房屋建筑时，恐龙雕塑的铁柱和水泥就相当于灭绝动物的"骨骼、肌腱和肌肉"[57]。从 19 世纪中叶开始，铸铁、锻铁以及后来经常与玻璃结合使用的钢，创造出越来越多的"骨骼"结构系统；沃克将他的注意力集中在牛津大学博物馆的内部庭院上，该博物馆建于 1855—1860 年。博物馆的顶棚由钢及玻璃组成，仿佛建筑上的一面镜子，映照出了馆内重新组合的灭绝动物骨骼。法国建筑理论家维欧勒-勒·杜克明确将恐龙骨架作为现代钢铁工程的灵感来源；随后，现代主义者摒弃了对结构完整性的强调和对各种历史风格的沿袭，越来越多的建筑呈现出巨型骨骼的形态——近期，这种风格在西班牙建筑师圣地亚哥·卡拉特拉瓦的作品中体现得最为明显。

　　正如沃克所言，这些骨骼模型可以说是真假参半：恐龙骨骼化石只是一部分遗骸。科学家们如今已经知晓，早在古新世时期，这些巨型"蜥蜴"的皮肤就会呈现出丰富多样的装饰性色彩，就像现今许多爬行动物的皮肤，以及鸟类的羽毛一样。[58] 就连弗兰克·劳埃德·赖特也呼吁，"可塑性"仍应是所有"有机"建筑的关键部分，"骨骼上富有表现力的肌肉与骨骼本身的衔接形成了鲜明对比"[59]。事后看来，现代建筑师选择骨骼而非皮肤作为灵感来源，似乎是一种粗暴的还原方法，表明他们不愿意接受"蜥蜴"的全部复杂性，而仅仅把它作为一种死亡体。

象

许多人从已灭绝恐龙的骨骼中看到了它们与建筑结构的相似性，这反映了人们对巨型动物的一种长期解读——它们是建筑的象征。1758 年，夏尔-弗朗索瓦·里巴特·德·沙穆斯特提议在巴黎香榭丽舍大街上建造"大象凯旋门"，他将地球上最大的陆生动物的体形、力量和权力，与法国国王路易十五在奥地利王位继承战中获得胜利联系起来。18 世纪中叶，在国家建造动物园之前，欧洲很少能见到大象。这个多层的大象造型建筑设计反映了大象的异国情调和稀有性，欧洲的皇室与帝国收藏家也将从非洲和亚洲原生栖息地远道而来的大象视为珍宝。[60]

里巴特的大象既是纪念碑，也是可居住的建筑。从表面上看，建筑是对法国君主权力和帝国野心胜利的庆祝，但实际上，大象的内部空间被设想为人工与自然的奇妙融合。里巴特的图纸展示了一间类似热带雨林的餐厅（反映了大象的原生栖息地之一）、一个装饰着神话人物和寓言壁画的舞厅，以及一道位于大象巨大基座下的地下回廊。虽然里巴特的建议从未得到执行——1836 年凯旋门最终成为这一地点的纪念碑——但拿破仑·波拿巴后来在 1810 年重新提出了这一想法，作为对自己帝国权力，尤其是对埃及战役（1798—1801年）的致敬。拿破仑计划在巴士底狱旧址上建造一座皇帝纪念碑，于是命人搭建了一件12米高的全尺寸石膏模型，它一直矗立在那里，直到1846年才被拆除。[61]它虽然只是临时搭建的模型，但其巨大的规模引起了人们的关注，其中最引人注目的可能是维克多·雨果在1862年出版的小说《悲惨世界》中的描述。雨果将它与霍金斯的禽龙建筑进行了类比：大象的腿"像寺庙的柱子"，内部空间像在"巨大的骨架"里。这座纪念碑也是一个令人不安的"有机体"——它逐渐走向了破败，至少对雨果来说，这是对拿破仑战败后法国失去权力的悲伤提醒。雨果写道，坍塌的灰泥"在它的侧面留下了伤口""在它的腹部留下了裂缝"，大象陷入地下，"仿佛大地在它脚下沉降"。[62]

以上提到的"幻灭"的大象建筑让人联想到那个不折不扣的帝国主义时代，在如今看来已不合时宜；但其他更为异想天开的大象建筑却在当代各种环境中找到了一席之地。例如，设计师弗朗索瓦·德拉罗齐雷和皮埃尔·奥雷菲斯为法国南特岛的蒸汽朋克机械主题公园建造的巨型机械大象，就是一座蒸汽朋克动感雕塑，它不同程度地参考了巴黎红磨坊外的巨型大象雕塑、南特的工业历史、儒勒·凡尔纳的小说以及达·芬奇的机器人图纸。[63]这个名为《巨象》的雕塑是一座由木头和钢材搭建而成的建筑，并由电动马达驱动，内部设有楼梯间、起居室和室外的屋顶露台；它最多可搭载50名乘客，游览时间为30分钟。"大象露西"也同样离奇，它

凯旋门大象的剖面图，发表于夏尔-弗朗索瓦·里巴特的《建筑设计：大象凯旋门——国王的荣耀之亭》，1758 年

位于新泽西州马盖特市的海岸线上，有 20 米高，用木头和锡制成。它由地产投机商兼工程师詹姆斯·拉费蒂于 1888 年建造，目的是吸引潜在的购房者来到此地——它的内部楼梯通往位于大象背上的观景台（也被称为"象轿"）。[64]"露西"已经屹立了 130 多年而不倒，这一事实足以证明这座建筑还找到了其他用途，如酒馆、夏季出租屋。"露西"于 1976 年被指定为美国国家历史名胜，如今由爱彼迎公司支付一定的维护费用。[65]

像"大象露西"这样奇特的建筑得以建成，说明海滩在 19 世纪成为大众的休闲娱乐场所，那里可以建造在日常城市环境中被认为不合时宜的"轻浮"建筑。事实上，拉费蒂在东北海岸设计了三座大象形象的建筑，"露西"是其中唯一幸存的，另外两座分别是 12 米高的"亚洲之光"（1884—1900 年矗立在新泽西州梅角）和科尼岛的"大象巨像"（建成仅两年后，在 1896 年毁于火灾）——这头昙花一现的怪象高 37 米，其中有七层展览和娱乐空间，真是不可思议。[66]

当拿破仑的巨象矗立在巴黎时，第一批动物园正在想方设法安置从新的殖民前哨站进口到欧洲的真象。第一个安置地是德西默斯·伯顿在 1831 年为伦敦动物学会设计的象舍。伯顿从英属印度与印度驯养的大象中汲取灵感，还参考了当时英国流行的风景如画的花园建筑，设计出一种 19 世纪早期建筑特有的混合风格。后来，建于 1873 年的柏林动物园大象馆更直接地参考了"东方主义"的前身——毗奢耶那伽罗城（意为胜利之城）加干马哈尔宫的皇家象厩，一座14世纪的印度-伊斯兰建筑。到了20世纪，伦敦和柏林大象馆在重建时放弃了历史化的象征意义，转而采用现代主义设计。休·卡森爵士在伦敦动物园建造的大象和犀牛馆（1962—1965年）采用了新野兽派风格。它的砖砌围栏外层是镐打混凝土，顶部是锥形铜顶，这种被称为"兽形"的笼舍着重体现所饲养动物的外形。然而，这种形式上的相似性却使大象

位于新泽西州马盖特市海岸线上的"大象露西"，由詹姆斯·拉费蒂于1888年建造，此照片拍摄于2019年

伦敦动物园前大象馆的屋顶，由休·卡森爵士设计，建于 1962—1965 年

的需求无法得到满足。2001 年，大象被迁往贝德福德郡乡间面积更大的惠普斯纳德动物园，它们在伦敦的笼舍现在被一个婆罗洲须猪家族所占据。[67]

　　如今，动物园的理念已经从皇家庆典转变为保护和教育，这些机构也在努力重现圈养动物的"自然"栖息地。对于大象来说，这尤其成问题。非洲象在原生栖息地——非洲草原上的活动范围非常广阔，如果大象数量过多，即使是面积广阔的固定范围栖息地（即野生动物保护区），也会变得捉襟见肘。福斯特建筑事务所和马库斯·席茨建筑事务所分别为哥本哈根动物园和苏黎世动物园的大象馆提供设计方案，目的是让大象误以为自己生活在自然环境里，而不是"监狱"中。福斯特建筑事务所的设计充分考虑了圈养大象的需求，创造了一个足够大的空间，让大象可以睡在一起（就像在野外一样）。它最大程度地提升了象舍的隔热保温功能，以保证大象的身体健康，也重现了大象熟悉的自然特征，如散布的水池、泥浆和天然的树荫。此外，覆盖象舍的玻璃穹顶上还装饰着由计算机生成的树叶图案，地面上的树枝和沙堆每天都会换新，以保持大象对漫步的兴趣。[68]与此类似，苏黎世动物园岗卡章大象园的木质屋顶面积达 6 800 平方米，屋顶上有 271 个孔洞，营造出树冠斑驳的效果。然而，支撑屋顶的钢筋混凝土墩却抵消了这种开阔感——这些巨大的结构是为了防止大象（它们仅用头部就能移动重达 6 吨的物体）破坏甚至冲出围栏而设计的。[69]

如果将这些欧洲的象舍设计与位于大象自然栖息地的建筑项目——泰国素林府的大象世界（由曼谷工作室设计，在 2020 年完工）进行比较，就会令人浮想联翩。[70]虽然该项目的名称使其看起来像是一个动物主题公园，但实际上，大象世界是将大象的需求与人类的需求相结合的一次激进尝试。大象世界的三座主要建筑分别是砖砌的瞭望塔、大象"游乐场"和大象博物馆，它们都是为了回应大象与当地人之间长达数百年的联系而建造的，在那里，207 头驯养的大象都为象

哥本哈根动物园的大象馆，由福斯特建筑事务所设计，2008年开放

夫（东南亚和南亚地区对大象骑手、驯象师或饲养员的称呼）所有。据估计，在如今仅存的约 50 000 头亚洲象中（过去曾达数百万头），至少有三分之一是驯养的，其中大部分被用于旅游业或庆典仪式。[71]

大象世界的设计在西方会被视为棘手的问题——大象与人类之间的距离被彻底改变了。与在动物园里一样，这里的建筑是为人类和大象共享而设计的，但在大象世界，这种共处关

泰国素林府大象世界（由曼谷工作室设计）的一部分——大象游乐场的内部结构，该项目于 2020 年完工

系将延续到两个物种的整个生命周期。在泰国地区，大象与人类之间的相伴已有数百年的历史，"人们相信大象是家庭成员，并以相应的方式对待大象，就好像大象身上有某种神圣的东西"[72]。尤其明显的是大象游乐场的建筑设计，它跨越了大象和人类的世界：它由一个巨大的木制顶棚组成，支撑在细长的混凝土支柱上，自由地融合了两个物种的设计元素——与其说是围栏，不如说是庇护所。而瞭望塔则仅供人类使用，是人们欣赏下方人象交融景观的制高观景点。最后，大象博物馆则更多地是向人类呈现隐喻中的大象，讲述了当地历史上不同物种之间的关系，同时也为人们提供了思考这些关系未来走向的场所。

这个项目挑战了人们对动物过于简单的分类，以及对人与动物关系过于简化的看法。事实上，几个世纪以来，大象和其他许多我们通常认为的"野生"动物，已经成为既不完全野生，也不完全驯化的混合物种。也许有人会说，把大象作为旅游景点，并不比把它们当作驮兽，或者像历史上那样把它们当作战争"工具"要好多少；但是，当野生的大象与驯化的大象之间已经没有明显区别的时候，还有什么选择呢？大象世界项目提出，设计可以成为一种工具，用于调解物种之间难以厘清的界限；事实上，它反而引起了更多的混乱，完全拥抱了另一种与我们彻底纠缠在一起的动物。在这里，建筑通过强化特定物种间的复杂关系，将人类置于中心地位。遗憾的是，我们无法真正了解大象对此的感受。

猿

人们时常发现，大象的眼睛里蕴含着情感：我们与它们对视时，会感受到某种形式的感情。然而，我们与亲缘关系最近的动物——猿类（无论是大猩猩、黑猩猩、倭黑猩猩，还是猩猩）对视时，会深感不适，尤其是在动物园里。当我们注视围栏中的猿类时，我们会感觉到物种之间的界限开始消弭，同时也能敏锐地感受到它们被囚禁了，动物园里坚固的围栏明确地提醒着我们这一点——即使我们不愿意接受这样的亲缘关系。只有那些专业素养极高的"智人"——比如戴安·福西或大卫·爱登堡——才能打破这种界限，而且要有极大的耐心和相应的特权。

尽管建筑大多被用来禁锢灵长类动物，但在其他情况下，建筑也可以成为构建人类与猿类之间联系的有效方式。19 世纪的许多建筑评论家和历史学家都专注于追溯人类艺术中建筑构造的起源，让-巴蒂斯特·拉马克和查尔斯·达尔文著作中出现的生物进化论都着重提到了这一点。1851 年，德国历史学家兼建筑师戈特弗里德·森佩尔认为，人类建筑是由纺织技术演变而来的，最早的墙壁和屋顶覆盖物是由织物和柳条编织而成的，而不是由各种材料组合搭建而成。[73] 森佩尔不知道的是，在类人猿当中，编织的演化历史要漫长得多。正如灵长类动物学家菲奥娜·安妮·斯图尔特所概述的那样，

婆罗洲猩猩所搭建的巢

直到 20 世纪 30 年代初，人们才发现所有的类人猿都会搭建巢（或者说床）来休息和睡觉。[74] 就目前所知，其他灵长类动物（除了人类）都没有这样的建筑形式。此外，与昆虫和鸟类等其他"动物建筑师"建造用于养育后代的巢穴不同，类人猿这样做仅仅是为了舒适和防卫，也可能是为了与社会群体中的其他成员交流信息。

　　猿类筑巢的方法是以较粗壮的树枝为基部，把上方的一些较小的树枝折断并交织在一起，创造出一个坚固的结构，再将一些更小的树枝折叠在巢的边缘，以加强巢的安全性。这些圆形或碗状的巢大多只使用一次——它们每天都会建造新巢（据斯图尔特估计，一只类人猿在其整个成年期平均会建造约 19 000 个这样的巢）。[75] 根据 20 世纪 90 年代进行的研究，斯图尔特指出，早期人类建造的住所与类人猿的巢之间存在明显的联系。[76] 事后看来，这项研究明显加强了森佩尔早先的论点，即人类建筑起源于从环境中收集材料进行编织，而不是自古代以来主导建筑的组合搭建。

人类学家蒂姆·英戈尔德认为，区分建筑中的编织和搭建并不仅仅是技术上的小问题，而是涉及"制造意味着什么这一更为根本的问题"。一方面，如果我们把建筑概念化为将预制的"积木"组装成更大的整体，那么建筑就起源于图像、计划或蓝图——如今的建筑蓝图来自设计师绘制的一系列数字图像。另一方面，建筑被视为是编织的，意味着建筑从建造过程中产生，即"在一个力场中……由实践者选择自己喜爱的或有生机的材料创造产生"。英戈尔德从森佩尔的发现中看到，生命源于成长和变化的过程。类人猿编织的巢穴是不是为我们指明了一种截然不同的建筑构思和制造方式？用英戈尔德的话说，这是一个"编织而非砌块"的史前人类世界，在这里，建筑总是与它从中产生的世界互相交织。[77]

不管在过去还是现在，在文学和电影中，猿类与人类文化的相互转换一直是一个流行的主题，很多作品利用物种间的差异来激发人类关注自身的弱点。[78] 弗朗茨·卡夫卡于1917 年发表的《致某科学院的报告》，将维多利亚时代的一种娱乐活动——把猿装扮成人类或让它们表演——变成了作者对自己犹太人身份的痛苦反思，因而备受瞩目。卡夫卡笔下的猿名叫"红彼得"，它被人类捕捉并带到欧洲，要么得在音乐厅表演，要么被关进动物园。然而，红彼得逐渐成了社会化的类人生物，同时也放弃了繁衍后代的权利：它选择成为不育的"混合种"，走到了进化的死胡同。

　　卡夫卡为反思人类自身的脆弱性而提出的物种间进化的问题，成为"人猿星球"系列电影的焦点。这个系列的首部影片是富兰克林·沙夫纳执导、1968 年上映的《人猿星球》，该片改编自皮埃尔·布尔于 1963 年出版的小说《人猿星球》。第一部影片的成功也催生了四部续集。2001 年，蒂姆·波顿翻拍了《人猿星球》，尽管影片看上去乏善可陈，但也使整个系列重新焕发生机，十年后，三部前传电影又以每隔三年推出一部的速度陆续上映。原著小说和两个电影系列的核心前提都是一样的：在遥远的未来，猿类已经进化成星球上的主要物种，人类则变成了猿类曾经的样子——作为一种野兽，被更具有进化优势的物种猎捕和利用。1968 年的原版影片在猿类社会的发展设定中仍然是最重要的，艺术总监威廉·克雷伯甚至在影片中设计建造了一座完整的猿城。与布尔在原著小说中想象的现代主义风格的猿族建筑不同，克雷伯和故事板画师曼特·休伯纳制作了一系列非凡的建筑草图，其灵感来自卡帕多西亚早期基督徒石窟住所的有机建筑风格和建筑师安东尼·高迪的新艺术风格。[79]

休伯纳的一幅草图描绘了一座与高迪未完工的古埃尔宫非常相似的建筑，其有机的树状外形似乎是从一块巨大的岩石内部凿出来的；另一幅草图则描绘了郁金香般的塔楼，猿类的住所就在这些塔楼的顶部——真正的类人猿在未来可能搭建的巢穴平台。尽管这些奢华的设计由于制作成本的增加而大幅缩减，但建成后的猿城仍保持了某种有机特征。岩石凿成的结构、高架人行道和古典的公共空间传达出一种独特的原始未来主义风格，树顶上的居所被转化成一种新的建筑语言，同时也具有史前风格。猿城中新旧建筑形式的融合反映了影片的核心冲突，即这个所谓"人猿星球"的外星球实际上是未来的地球。

　　从 1933 年的第一部《金刚》到 2021 年 5 月上映的最新大片《哥斯拉大战金刚》，原始与现代的交会构成了"金刚"系列电影的核心主题。[80]巨猿与科技城市的对抗是故事的核心，城市毁灭的壮观场面将故事推向高潮。在原版电影及两部翻拍电影中，金刚登上了城市的最高建筑。在 1933 年和 2005 年的版本中，最高建筑是 1931 年建成的帝国大厦；在 1976 年的翻拍版本中，最高点则是 1973 年落成的世贸中心双子塔之一。彼得·杰克逊于 2005 年翻拍了这部电影，为了向原版电影致敬，他再现了原版电影中 20 世纪 30 年代的城市景象，包括帝国大厦在内的整个曼哈顿天际线都是用电脑图像生成技术制作的。[81]影片的高潮部分是寇蒂斯俯冲轰炸机攻击并杀死了巨猿，而完全虚拟的纽约消解了观众对此的直观感受，这可能是考虑到了人们对"9·11"恐怖袭击事件的集体记忆创伤。不过，我们仍然会对此产生共鸣——1976年的影片就呈现了金刚艰难地爬上世贸中心一座塔楼的情景。比较这两个片段，帝国大厦的结构细节显然使它比世贸中心的现代主义外墙更适合攀爬，且帝国大厦的锥形尖顶也增强了结尾处人猿对抗的戏剧性，这是平顶的世贸中心所无法体现的。

"金刚"和"人猿星球"故事经久不衰的吸引力，说明猿类代表了人类长期压抑在心底的焦虑；猿类是来自过去的化身，威胁着西方现代文明秩序的稳定，而西方现代文明秩序在帝国大厦等都市标志性建筑中得到了最有力的体现。鉴于"9·11"的恐怖现实，反复播放金刚最终被人类技术打败的故事，就像是徒劳地试图将这些原始的焦虑压抑在心底，即使它已经如此明显地暴露在公众面前。也许是时候塑造一种新的幻想类人猿了，它将为这些焦虑留出空间，而不是继续压抑它们：原始猿类是通往人类世界的桥梁，而不是人类世界的毁灭者。在我想象的新版电影中，金刚没有在城市中横冲直撞，而是在纽约的两座摩天大楼之间编织出一个巨大的巢，以惊人的"猿类方式"回应人类的建造方式——一种编织而成的、生机勃勃的建筑，而非死气沉沉的、堆砌而成的建筑。

第四章 水生

大约 37 亿年前，地球海洋中出现了最早的生命形式（微生物）。从那时起，直到大约 5 亿年前，生命的演化一直在水生环境中进行。因此，在生命演化的大部分历程中，地球上只有水生生物。如今，许多不同的陆地生物的胚胎看起来仍然像海洋生物，这绝非巧合。以我们熟悉的几种陆生动物为例，陆龟、鸡、猪、牛、兔子和人类的胚胎都与水生生物非常相似，有着长长的尾巴和疣状四肢。对于人类和其他大多数哺乳动物来说，"水生生活"在出生时就戛然而止了，但我们仍然保持着与水的深层联系——或向往，或恐惧。在肺部发育演化的过程中，人类放弃了水生生活，转而进入另一片领地，即我们所向往的陆地。但如今据预测，本世纪末全球海平面将大幅上升，而我们的大量城市都建造在海洋和河流附近，因此作为我们栖息地的陆地将面临威胁。

现代建筑的主要材料——铁、钢和钢筋混凝土如果长期浸泡在水中，特别是盐水中，那么极易腐烂。水环境管理的基础设施（灌溉、水坝建设、下水道系统和水管）往往以人类对这一元素的掌控为中心，最著名的案例就是迪拜和凤凰城等沙漠城市的快速发展。1964年伯纳德·鲁多夫斯基的"没有建筑师的建筑"展览和2019年朱莉娅·沃森的畅销书《低技》，都对本土建筑进行了重新评价，并质疑了对水的傲慢态度。从秘鲁人和伊拉克人用芦苇编织的浮岛，到拉各斯、贝宁、缅甸、智利和菲律宾等地的浅海与湖泊中的半水上定居点（高跷房屋），这些反现代主义的声音展示了许多原住民建筑对水生环境的适应，而非一味远离。[1]

乌鲁斯人在秘鲁的的喀喀湖上建造的漂浮芦苇建筑，2015年

本章提出，建筑师也许可以向水生动物学习，与这六种动物一起思考——它们以各自不同的方式，发展出了与建筑有关的"水生智慧"。首先，两种截然不同的动物——龟和牡蛎，向我们展示了防御性建筑如何保护软体动物，使其免受捕食者的侵害；这两种动物还为我们提供了关于人类居住地起源的灵感。本章的中间部分重点介绍了另外两种水生动物，它们是既聪明又像人类的异类。章鱼柔软的身体表明，无论是生物还是建筑物，都存在完全不同类型的智能和自主性；长期以来，海豚的友好天性被视为建立物种间亲密关系的契机，人们经常利用各种建筑物来容纳和展示人类与海豚的互动。在本章节的最后，鲑鱼和河狸这两种动物将焦点转移到淡水上，转移到溪流与河道在动物和人类的建造世界所产生的作用上。大多数野生鲑鱼现在都依赖于人类建造的建筑，如鱼梯，从而得以游过人造建筑（主要是水坝）。河狸在19世纪末几乎被猎杀殆尽，之后被重新引入并取得了成功。在"景观工程"中，河狸展示了超越人类的力量：河狸建造的水坝、巢穴和河道对环境的影响仅次于我们的建筑物。

也许比起其他动物，生活在水中的动物更能证明，超越人类的生命是"为了自己"而不是"为了人类"创造世界。水生动物还表明，陆地和水域并不像人类想象的那样毫无关联。不列颠哥伦比亚省西北部的海达人讲述了渡鸦把河狸族的小溪卷成地毯，从河狸族那里偷走鲑鱼的故事。河狸族试图阻止渡鸦，它们啃倒了渡鸦栖息的树木，渡鸦被迫逃走时丢弃了一些鱼。这些被丢弃的鲑鱼形成了加拿大西部宏伟的鲑鱼河，即哥伦比亚河、弗雷泽河和斯基纳河。[2] 这个故事想象了水生动物蜕变为孕育它们的元素，这种进化上的逆转提醒我们，水域和水生动物都与陆地密不可分，既可以互惠，也可以互相破坏。科学家现在认识到，在水域和陆地之间游动的水生动物是这一交换过程的关键：它们来回运送重要的营养物质，并经常在自己的外壳或皮肤上携带由微小动植物组成的独特生态系统。认识到陆地和水域互相依存的关系，意味着我们需要重新思考建筑物和城市的边界。

龟

猿类可能将它们的筑巢技能传授给了我们演化中的祖先近亲，但其他动物也向史前人类展示了自己的建筑方式。在维特鲁威的《建筑十书》中，陆龟和燕子是人类最早住所的重要灵感来源。维特鲁威想象，我们的早期祖先在森林中围绕着四棵均匀分布的树建造住所：树干之间的空隙用树枝、木屑和泥土填满，筑成墙和高高的穹顶，屋顶用树叶和更多的泥土覆盖。[3] 维特鲁威在其著作《建筑十书》的末尾，再次提到了这种"陆龟式"建筑，他认为这种建筑是第一批军事建筑的雏形，方形的避难所可用来保护士兵，使其免受攻击。这些陆龟般的小屋被想象成像金字塔一样的结构，安装在有轮子的支柱上，在战场上具有机动性。[4]

维特鲁威将陆龟作为建筑防御模式的重点，反映了它们的外壳或许是自然界防御性建筑的缩影。陆龟是陆栖龟类，在已知的 356 种龟鳖目动物中，有许多陆龟物种在其生命周期中都是水陆两栖的，且寿命极长（当我在 2022 年写这本书时，已知最古老的陆栖动物是一只名叫乔纳森的陆龟，已有 190 岁）。龟是非常古老的爬行动物，2 亿多年前，它们的祖先与恐龙共同生活在这个世界上。[5] 所有龟都有附着在脊椎骨上的骨质外壳。外壳一般是由两块不同的龟甲——背甲和腹甲组成的多边形结构。对于大多数龟来说，它们的两块龟甲通过被称为"甲桥"的结构连接在一起。龟壳外表面上的不规则多边形单元被称为"盾片"，由角蛋白形成。与软体动物的外壳一样，龟的柔软身体与坚硬龟甲直接相连，龟壳有血液供应和神经网络，能够随着时间的推移而生长和变化。

龟壳不仅是一种防御性结构，还让动物柔软的头部和四肢得以收拢，以抵御捕食者和外界环境；同时，龟壳也是它们重要的矿物质来源，一些龟类在长时间的水下生活中可利用龟壳调节体内的化学成分。[6] 最近的研究发现，龟壳是一种精密的防御结构，由三个不同的层次结构组成：一层柔软的角蛋白外层保护着下面的胶原蛋白层和骨骼层，能够吸收来自外部的冲击力，就像汽车的保险杠一样。[7]

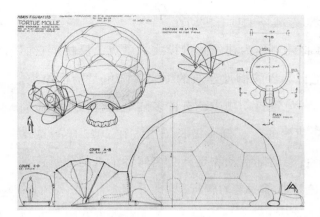

　　在建筑师团体飞行荒原（由让·奥贝尔、让-保罗·容曼
和安托万·斯汀科组成）的作品中，龟壳中软硬材料的微妙
相互作用与人类建筑惊人地相似。20 世纪 60 年代末，飞行
荒原与法国激进左翼艺术家团体乌托邦一起，专门从事充气
结构的设计和建造，其中许多作品的灵感来自动物，包括龟。
例如，让·奥贝尔于 1972 年绘制的一幅名为《软壳龟》的画
作，取材于材料脆弱、轻量、易于组装的结构，与龟的坚硬
和迟钝形成对比。这个项目的名称指的是鳖科动物，它们有
柔韧的外壳，可以在开阔的水域中更轻松地移动。

　　充气建筑是对 20 世纪 60 年代后期现代主义建筑的一次
革命性背离——现代主义建筑以硬质材料（混凝土与钢筋）
和教条的功能主义为特征。这一时期的激进主义热情消退后，
飞行荒原借鉴了伊索著名的龟兔赛跑寓言中乌龟的象征意义，
发展了自己的实践。就像《伊索寓言》中的乌龟一样，他们

采用了一种缓慢、渐进的设计方法，通过手绘和诗意的手法，将龟的神话形象与远古时代紧密联系在一起。[9] 2018 年，在第 16 届威尼斯国际建筑展的展亭提案中，奥贝尔未实现的充气陆龟建筑设计在其去世三年后得到了重现。这座建筑将容纳特定的展品，呈现从 20 世纪 60 年代开始的充气建筑故事。这只巨大的陆龟将在展馆内充气，它柔软的材料结构对人类建筑的传统秩序提出了质疑，其轻盈、透气和柔韧则颠覆了建筑的"坚固古典外壳"[10]。遗憾的是，该提案没有被采纳——奥贝尔的陆龟建筑仍停留在绘图板上。

与大象一样，龟也被更直观地转化为龟形建筑。历史上，长崎的福济寺始建于 1628 年，1945 年 8 月 9 日由美国主导的原子弹爆炸摧毁了长崎，后来，该寺庙被重建为龟的形状。受 18 世纪冲绳龟甲墓的启发，该寺重建后被作为第二次世界大战期间阵亡日本士兵的陵墓。长期以来，人们将龟甲与保护联系在一起——这在福济寺改造中得到了诠释。重建后的寺庙成了一座记忆的"堡垒"，既能抵御美国领导人毁灭城市的企图，又能抵抗随之而来的遗忘，提醒人们不要忘却战争中的牺牲者。

如今，随着生态危机频发，龟成了尊重和保护自然的象征。其中最著名的可能是遗产娱乐公司于 2020 年在越南富国岛建造的海龟水族馆。该建筑被认为是对越南文化中海龟历史意义的"真实"参考，但这与其构造（混凝土墙壁很难说

20 世纪 40 年代末，长崎的福济寺被重建为乌龟形状

是生态友好的象征）和作为水生动物监禁场所的功能并不相符，那里的水生动物被作为供人类"消费"的对象。[11] 然而，至少从表面上看，它确实反映了海龟在东亚和南亚地区源远流长的文化意义。例如，在印度神话里的一个创世神话设想中，世界由四头大象驮在背上，而大象又由一只巨龟的龟壳支撑着。特里·普拉切特在他的"碟形世界"系列奇幻小说中就采用了这一形象来描绘大阿图因。在中国，一些古代神话把龟想象成宇宙本身：龟的背甲代表天，腹甲代表地，龟

是天地之间的使者，就像现实生活中的海龟往来于陆地和海洋一样。[12]

在西方，龟甲的形状启发了一些军事建筑的设计，这实际上是沿袭了维特鲁威将龟与防御性建筑联系在一起的观点。1775年，大卫·布什内尔研制出世界上第一艘军用潜艇（用于美国独立战争），它因外形酷似龟而被命名为"海龟"号潜艇。[13]与此不同的是，在冷战初期，一部美国动画片《卧倒并掩护》里有一只名叫伯特的乌龟，它教导美国儿童在苏联发动核战争时如何"躲避"并寻找掩体。就像伯特在遇到危险时躲进自己的壳里一样，人们天真地认为，孩子们只要躲在桌椅下面，就能免遭原子弹爆炸的巨大威力的伤害。[14]

在恐怖的当代战争面前，龟作为防御性建筑的缩影可能已经变得可笑而可悲，但它依然是人类持续想象这些动物的有力方式。中国西北部的永泰城始建于明朝（1368—1644年），至今仍保留着这种古老的联系。尽管该城大部分已被废弃，但防御城墙上清晰标示出了龟形平面图，实实在在地证明了人类在建造定居点时，龟类所带来的安全感的象征性力量。如今，永泰被中国政府确定为"文化遗产"，保护它不被商业开发。[15]在西方，这种联系产生了一种截然不同的文化产品——忍者神龟，1984年它们首次出现在彼得·莱尔德和凯文·伊斯曼创作的漫画中。"忍者神龟"最初是对老套的超

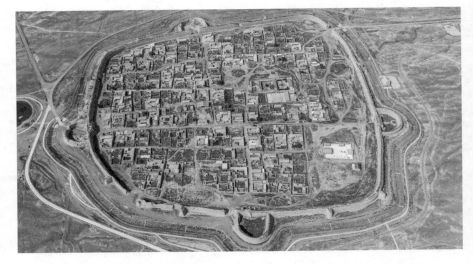

中国西北部甘肃省永泰城的鸟瞰图

级英雄故事的讽刺，后来却在全球取得了惊人的成功，衍生出了一部系列动画片（1987—1996年）、六部电影（包括真人版和动画版）和众多电子游戏及周边商品。在故事中，一只装着小海龟的鱼缸掉进了排水管，接触到一只盛放放射性物质的破罐子，小海龟从而变异成了半人半两栖动物的形态，居住在纽约的下水道里。[16]

"忍者神龟"的前提虽然荒诞，但它对20世纪80年代中期主导美国城市（尤其是纽约）的空间想象套路进行了不同寻常的诠释。正如文学史家大卫·派克所阐释的那样，美国城市的地下空间通常被视为怪物的天然栖息地，无论是刘易斯·蒂格的电影《鳄鱼》（1980年）中居住在下水道里的巨型鳄鱼，还是沃尔特·希尔的电影《勇士》（1979年）中的"堕落"人类（犯罪团伙），都是如此。[17] 在第一部改编电影《忍者神龟》（1990年）中，幽默的风格在很大程度上改变了人们对城市地下世界的恐惧，虽然神龟仍然是社会弃儿，但电影更多地展示了诙谐搞笑的故事，而不是恶行。尽管电影系列再次重启，《忍者神龟：崛起》于2022年夏天在网飞上映，还有更多的动画电影正在筹备，但自"9·11"事件以来，美国城市的地下世界再次成为文化焦虑的场所，面对最近的内部敌人的化身，最初变种龟的讽刺锋芒如今显得相当空洞。[18]

牡　蛎

2001年，英国艺术家斯蒂芬·特纳用废弃的牡蛎壳制作了一系列贝壳冢，并将其命名为《洞穴》。这些贝壳冢位于英国肯特郡的海滨小镇惠特斯塔布尔，自罗马时代起，这里就以牡蛎养殖场而闻名。在单支蜡烛的照射下，这些贝壳冢令人联想到牡蛎作为人类重要食物来源的悠久历史。远古游牧民族祖先留下的古代贝壳冢，以及维多利亚时代伦敦儿童在圣詹姆斯日（7月25日）一年一度的牡蛎盛宴上搭建的牡蛎壳结构，都证明了这一点。[19] 特纳的发光贝壳冢提醒人们，动物建筑的出现可能是人类活动的意外结果：牡蛎建筑可能是废弃的石冢，也可能是别出心裁的儿童游戏。

斯蒂芬·特纳的《洞穴》雕塑之一，2001 年在惠特斯塔布尔创作

尽管贝壳冢如今仍然存在，但大多是工业化养殖牡蛎留下的废弃物，只有在极少数情况下，这些软体动物的壳才会重新融入人类建造的世界。塞内加尔达喀尔以南的法迪乌斯岛就是这样一个例子。数千年来，法迪乌斯岛及周围小岛由死亡或被丢弃的红树牡蛎的壳堆积而成，在那里，人类和自然以一种非凡的方式交织在了一起。当地经济长期以来一直以牡蛎为中心，群岛居民乘船往返于各个岛屿，捕捞周围潟湖中的牡蛎。主岛上的房屋都镶嵌着牡蛎壳，街道两旁也是牡蛎壳。此外，那里的海防工事也是用牡蛎壳建造的，而公共墓地中的尸体则被埋葬在牡蛎壳堆下。同时，环境中的"自然"元素也依赖于牡蛎：生长在这里的猴面包树会汲取牡

蛎壳中的钙，以确保健康成长。[20]像法迪乌斯岛这样的地方表明，人类创造的世界和其他动物创造的世界不需要有明显的界限，即使是那些看似与我们毫无共同之处的动物。牡蛎肉质的身体没有任何人类的特征，而这些动物成年后则完全隐居在自建的坚硬外壳中，这是牡蛎为了保护自己脆弱的肉体而长出的外套膜。牡蛎是一类非常古老的动物，比人类出现的时间还要早几亿年，有些牡蛎物种生活在我们难以想象的远古时代。[21]

尽管牡蛎看起来与人类格格不入，但人们正在试图利用牡蛎，以减轻未来气候变化可能带来的影响。2010 年，曼哈顿景观事务所 SCAPE 创始人、景观设计师凯特·奥尔夫在现代艺术博物馆的"涌潮"展览中展出了她创作的《牡蛎构造》。[22]这是一个思辨设计项目，它设想使用牡蛎来清洁布鲁克林污染严重的戈瓦纳斯运河，最终推动海洋和人类生命的新生态系统的发展。牡蛎在项目中成了吸引其他许多物种的"基石"物种，而它们的存在将使当地人口重新焕发活力，重新与自然联系起来。牡蛎也将再次成为这个城市的食物来源，在历史上，纽约的港口曾经有丰富的牡蛎，直到污染和过度捕捞使其水域不适合牡蛎生存。[23]奥尔夫的思辨性提议在 2010 年获得了很多关注，但在 2012 年飓风"桑迪"过后，该提议的基本原理发生了转变，这场飓风严峻地揭示了纽约面对极端气候变化时的脆弱性。此后，牡蛎结构将取代传统

在现代艺术博物馆的"涌潮"展览（2010年）中展出的《牡蛎构造》

的海岸防御建筑方法，成为保护城市，使其免受未来风暴影响的"有生命的基础设施"。[24]

　　从"牡蛎构造"项目到"有生命的防波堤"，奥尔夫的提议从概念变成了现实：该项目已获得美国联邦政府6 000万美元的资助，最终将在纽约港建立人工牡蛎礁防御工事。"十亿牡蛎"项目与奥尔夫合作，在人工水箱中养殖数亿只牡蛎，其中许多牡蛎将由纽约的高中生负责管理。另外，项目从城市餐馆收集了数百万只废弃的牡蛎壳，将其铺设在底层，让活牡蛎生活在其上。人们希望到2025年，一个强大的礁石系统能够顺利运作。[25]该项目的规模还催生了其他建筑衍生品，比如"十亿牡蛎馆"——2015年"梦想之城"展馆竞赛的获奖作品，它建成后不仅可拆卸，还将变成牡蛎的栖息地；此外还有"十亿牡蛎"项目的拟建总部，它是一座跨越人类世界和牡蛎世界的建筑，既是办公室，也是研究设施和教育空间，在这里可对养殖的牡蛎进行研究。[26]

奥尔夫的项目将牡蛎改造成"有生命的基础设施"，改变了传统的人工基础设施观念。在这里，建设城市部分基础设施的是牡蛎，而不是人类；事实上，牡蛎本身就是基础设施。然而，在项目的构想中，牡蛎仍然被人类彻底工具化；维持动物的生存实际上就是维持人类的生命。正如斯蒂芬妮·韦克菲尔德和布鲁斯·布劳恩在谈到该项目时所说的，"今天重要的不是牡蛎是什么——它们的结构和味道如何——而是牡蛎个体和群体的作用"[27]。

但对于人类来说，牡蛎是什么？从古至今，这个问题往往集中在人类观察者身上，他们试图想象牡蛎壳内的生活是什么样子，加斯东·巴什拉将其描述为一种特别强烈且快乐的孤独。[28] 1852年，苏格兰博物学家爱德华·福布斯对牡蛎的内部进行了哲学解读，他将安详的牡蛎描述为"幸福在当下的集中体现"，每只牡蛎的"灵魂"都"集中在自己身上……它的整个身体都在生命和享受中跳动"。这种享受，也就是福布斯所说的"伊壁鸠鲁神的恩赐"，对许多人来说，这也是吃牡蛎体验的关键部分。例如，谢默斯·希尼的《牡蛎》

（1976年）描述了诗人在大口吃生牡蛎时空间感是如何扩展的：他的舌头"是一个充满生机的河口"，他的"味蕾挂满了星光"，他想象汹涌的海浪中有"数以百万计的（牡蛎）翻转、脱壳、散落"。[29]

面对牡蛎的封闭生活，人类的想象力在矛盾中加以放大，这也是法国作家弗朗西斯·蓬热于1942年首次发表的散文诗《采取事物的立场》的特点。[30]蓬热预言了本书前面提到的"物导向本体论"方法论，旨在通过重新回到日常事物来重塑语言，打开人类对事物本身、动物或其他奇异存在的理解。对蓬热来说，吃牡蛎的行为既是残忍的——撬开了盛放食物的封闭世界——又暗示了一个完整的现象学世界。脆弱的牡蛎在外壳的保护下，生活在"珠母的苍穹（据其本义）下，上面的天空陷入下面的天空"[31]。

一些建筑通过富有想象力的拟人化手法，让我们不再把牡蛎仅仅看作一种只服务于我们需求的新颖基础设施。16世纪中叶，法国陶艺家和景观建筑师贝尔纳·帕里西设计了一系列贝壳状的房屋，作为花园中的休憩之所，且房屋"看起来不像是人工建造的"。帕里西从牡蛎中汲取灵感，将房屋的外墙设计成粗糙的岩石表面，而内部则"像（牡蛎）贝壳内部一样高度抛光"。[32]正如巴什拉所阐释的，帕里西想象中的牡蛎建筑体现了很多人对生活在贝壳中的渴望，"（帕里西）希望把起保护作用的墙壁打磨得光滑而坚固，仿佛可以直接用敏感的肉体接触"。巴什拉认为,这就是"以触摸的方式居住",表达了人类对牡蛎等生物的共情。[33]

从内部开始建造(巴什拉认为这是软体动物的座右铭)意味着生活是为了建造房屋,而不是建造房屋来居住。然而,牡蛎也需要一些原始基质来"建造"自己的壳,让无数无壳的牡蛎幼体可以获得安全的保护。随着时间的推移,这种原始基质会变成牡蛎壳本身——由此形成的"礁石"就是"牡蛎构造"项目所设想的有生命的基础设施。在世界各地的牡蛎养殖场中,用于制作这些原始基质的材料是由当地的环境条件决定的:法国使用石灰涂层瓷砖,日本使用沉入水中的竹笼,挪威使用成捆的桦树枝。[34]不过这些基质可以是任何合适的物体。19世纪中叶,布莱克希斯的佩恩先生收集了一批可以帮助牡蛎生长的物品,包括从1782年沉没的"皇家乔治"号残骸中打捞上来的"老式香槟酒瓶",以及从康沃尔的法尔河中挖出的一只没有壶嘴的中国茶壶。[35] 2000年,艺术家菲利普·罗斯组装了一个7米长的金属框架,并将其沉入加利福尼亚的托马雷斯湾,以"种植"一座牡蛎雕塑。2003年,艺术品最终完成,但与2002年罗斯将金属框架拖上来时所面临的状况大相径庭。清理后的雕塑通体雪白,死去的牡蛎壳连接在一起,形成一个类似于脊柱的结构,并"长"着许多条腿。然而,最初从深海中浮出水面的是一个肉质怪物:牡蛎上覆盖着厚厚的海藻,艺术家认为这"让人联想到身体内部的某种东西……一切都是粉红色的、橙色的、肉质的、滴水的"[36]。

这种肉质提醒我们，牡蛎离不开它形成并生存于其中的丰富的水生环境。牡蛎是以水为介质生活和呼吸的。它们坚硬的外壳并不仅仅是用于保护自己不受外界侵害，也是让它们能更舒适地生活在世界上的一种手段。就像攀缘植物、地衣和苔藓会在被允许的情况下占据人类建造的墙壁一样，牡蛎壳的外部也提供了丰富的营养物质，其他生命形式可以在上面繁衍生息。

章 鱼

大约 6 亿年前，远在恐龙统治地球之前，当海洋还是生命演化的唯一场所时，进化树上产生了分叉，将脊椎动物与软体动物及节肢动物分开。长期以来，人们一直认为智慧生命只在分叉的一侧进化，最终演化出了人类、哺乳动物和鸟类。但现在人们发现，智慧生命也可能在分叉的另一侧进化。如今，海洋生物学家普遍认为，头足类动物——章鱼、乌贼、墨鱼和鹦鹉螺，不仅是最聪明的无脊椎动物，而且可能与其他一些海洋生物和许多陆地生物一样聪明。除了鹦鹉螺等原始种类，头足类动物在漫长的进化过程中有的内化了外壳，有的完全失去了外壳，这可能是为了提高其捕猎能力。然而，与此同时，它们柔软的身体也意味着更容易被捕食。因此，头足类需要发达的大脑——智胜捕食者的手段——才能生存。

其结果是，在漫长的岁月中，智慧生命通过截然不同的方式至少进化了两次。[37]

章鱼的身体使其成为一种与人类格格不入的生物；除了被触手遮住的"喙"之外，章鱼几乎没有任何坚硬的部分，它们的身体拥有"完全的可能性"——这种生物可以不断改变自己的身体形状，可以挤进最狭小的空间，甚至还可以随意改变自己的颜色，以此作为伪装或模仿的一种形式。[38] 章鱼有大脑（不是在脑袋里，而是在喉咙里），它们的八条触手都有独立的神经系统，每条触手上的几十个吸盘通过高度发达的神经系统感知世界。难怪章鱼奇异的身体，尤其是触手，常常让人类把它们想象成外星生物，从丹尼斯·维伦纽瓦执导的电影《降临》（2016 年）中高深莫测却又友好的外星生物"七肢桶"，到约翰·卡朋特执导的《怪形》（1982 年）中在南极恐吓人们的变异怪兽，无不如此。

为了弥补身体保护结构的缺憾，章鱼一生中大部分时间都躲在巢穴里，比如岩石和其他坚硬物体的孔洞或缝隙中。章鱼十分依恋它们的巢穴，以至于千百年来，捕捞章鱼从来都不需要任何诱饵：至少从罗马时代开始，世界各地的渔民简单地把空陶罐丢在海底的沙地上，便可以吸引章鱼前来居住——即使渔民把陶罐打捞上来，章鱼也不肯离开。[39] 人们还观察到，章鱼会建造巢穴——在纪录片《我的章鱼老师》的开头，制片人克雷格·福斯特在南非海岸附近的浅海中发

现了一只真蛸（*Octopus vulgaris*），它身上覆盖着各种贝壳，这些贝壳是它为了躲避捕食者而组装起来的。在 2009 年印度尼西亚报道的一个案例中，人们观察到一只章鱼携带着两块椰子壳（都是半个），当受到威胁时，它便将两块椰子壳组装起来，作为自己的藏身处。章鱼这种组装和拆卸物品并将其投入使用的能力，在动物（除了人类）中极为罕见。[40]

目前已知有 200 多种章鱼，它们的体形差异很大：最小的章鱼只有 2 厘米长，最大的太平洋巨型章鱼（*Enteroctopus dofleini*）长度超过 6 米。当人类想象章鱼（如神话中的海怪）时，它们通常非常大——巨大的体形，可怕的破坏力，几乎掩盖了章鱼的杰出智力。自 20 世纪 20 年代以来，大量纸质漫画书的封面上都出现了攻击人类的恶毒章鱼（外星章鱼或其他章鱼怪物）[41]，而科幻和恐怖电影也经常将巨型头足类动物描绘成破坏性地狱力量的化身。这些电影中有名副其实的《海底怪物》（1955 年）——美国的一次原子弹试验无意中创造出一只巨大的章鱼，对旧金山造成了严重破坏；也有隐喻意义上的《野蛮地区》（2016 年）——触手状的外星人给一对婚姻陷入困境的夫妇带来了性快感和毁灭。[42] 这些对章鱼怪兽的大量描写，主要的历史参照点来自维克多·雨果出版于 1866 年的小说《海上劳工》（其法文版与英文版都是国际畅销书），以及北欧神话中的克拉肯——一种体形巨大、外形酷似头足类动物的海底怪兽，阿尔弗雷德·丁尼生在 1830 年的同名诗歌中把它描述得栩栩如生（但在古代，老普林尼将其描述为一种真实存在的生物）。[43]

巨型章鱼也被用来比喻野心或肆无忌惮地扩张版图的人类事业。在美国，包括美国钢铁公司和约翰·洛克菲勒的标准石油公司在内的一系列垄断性公司，有时会被反对者比喻为将触角缠绕在国会大厦等美国标志性建筑上的大章鱼。在欧洲，政治对手有时也被描绘成贪婪的头足类动物，例如俄国就是英国一些人眼中的"黑章鱼"。1898 年，美国杂志《淘气鬼》将法国军队描绘成由一只畸形章鱼领导，这是对当时机构腐败和反犹太主义的一种评论。[44] 在克劳夫·威廉姆斯-埃利斯于 1929 年出版的《英格兰与章鱼》一书中，章鱼象征着 20 世纪 20 年代的伦敦，它的触角伸向城市的主干道和迅速发展的郊区，威胁着英国的乡村。第一版的封面描绘了一

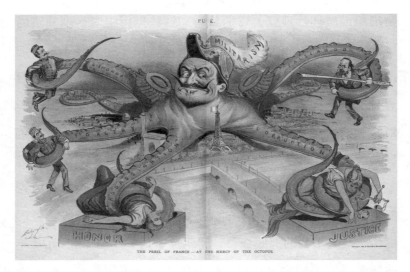

《法国的危险——任凭章鱼摆布》，刊登于美国杂志《淘气鬼》，1898 年

只戴着圆顶礼帽的章鱼，它的触角缠绕着一座风景如画的英国村庄。正是章鱼无拘无束的身体和不断伸展的四肢，为人类帝国咄咄逼人的扩张主义（无论在政治、货币上，还是在领土上）提供了有力的形象。

　　章鱼的身体拥有"完全的可能性"，于是，一些人试图在建筑上想象这种无边无际的感觉。H. P. 洛夫克拉夫特著名的短篇小说《克苏鲁的呼唤》（1928 年）介绍了一种类似章鱼的生物；这种生物设定也影响了柴纳·米耶维（他在 2010 年出版的《克拉肯》一书中将洛夫克拉夫特和以巨型乌贼为中心的古代神话结合在一起）等奇幻作家。洛夫克拉夫特的故事讲述了水下王国被一场地震扰乱后，南太平洋深处意外出现了远古之神克苏鲁，它是一种由章鱼、龙、爬行动物和人类组成的怪物。偶然发现该遗址的水手们看到，一座名为拉莱耶的"梦魇之城"从海中开始浮现，随后他们看到了可怕的怪物克鲁苏。他们描述了一座"所有物质和透视规则似乎都被打乱"的城市，它有着"非欧几里得"的扭曲建筑、"疯狂得难以捉摸的角度"，以及不符合任何人类测量单位的尺寸。最初看似凸起的建筑形态突然变得凹陷，而通常稳定的物体——大海、太阳和天空的位置突然开始变幻莫测。难怪这座突然出现的城市会让一位伟大的建筑师发疯——因为他在梦中看到了这座城市的遥远景象。[45]

在洛夫克拉夫特的故事里，建筑中的纯粹可能性并没有积极的结果：触手状的外星神和非欧几里得城市是原始混沌的先兆，值得庆幸的是它们回到了海底，但总是有可能再次出现。然而，章鱼异形的身体及其非凡的智慧可能会产生更多积极的对应关系，头足类动物蠕动的触手，似乎在邀请我们与超越我们自己的无数生命世界建立联系。2017年，一艘破旧的美国海军燃料驳船（1941年日本偷袭珍珠港时幸存下来）的顶部，安装了一只24米长的钢架章鱼（灵感来自克拉肯神话），这就是一种非常直观的建筑诠释。这艘船和章鱼的建筑混合体被沉入英属维尔京群岛的一座海湾，为珊瑚的新生生态系统提供基质，同时也成为海洋研究人员和来自周边岛屿的学生的教育中心。实际上，这座"雕塑作品"由它吸引到的海洋生物来完成，其中包括珊瑚、海绵、鲨鱼、海龟和章鱼，它们在这个"钢铁克拉肯"的缝隙中找到了理想的栖息地。[46] 尽管这个项目带有强烈的企业色彩（由亿万富翁理查德·布兰森发起），但透过其表面奇景，我们可以看到一个壮阔且平易近人的建筑愿景——它将建筑与其所处的环境融为一体。

事实上，如今在建筑中看到章鱼已经相当普遍了。每到万圣节，一些公司就会提供巨型充气章鱼触手，供房地产业主固定在建筑物上，以象征海怪入侵。2019 年，艺术团体 X 小组与英国街头艺术家菲尔希·卢克和佩德罗·埃斯特雷列斯合作，设计了一件有 20 条巨型触手的章鱼装置，并将其安装在费城的一座废弃建筑内。它被认为是迄今为止最大

X 小组、菲尔希·卢克和佩德罗·埃斯特雷列斯在费城一座废弃仓库中的装置作品，2019 年

的触手式建筑，建筑的直角与扭曲的触手之间、坚硬静态的表面与柔软的章鱼肢体之间形成了鲜明对比，呈现出壮观的艺术效果。[47]可以肯定的是，这是一个并不复杂的景观，而且它被商业化到如此的程度，随着时间的推移，它的视觉效果会变得愈发空洞。但从纯粹的建筑学角度来解读，它却非常直观地表明，与章鱼的身体相比，人类通常所构想的建筑"身体"是如此有限。让章鱼的身体进入坚硬的建筑外壳，或许能将它解放出来，更自由地探索灵活多样的存在方式。

海　豚

　　章鱼展示了高超的智商是如何在与我们截然不同的身体和心智中演化出来的；另一种更具魅力的水生动物——海豚，则展示了脑力是如何在更多的动物演化途径中发生的。大约3 500万年前，海豚的祖先放弃了安全的陆地生活，转而完全生活在海洋中。海豚（鲸目海豚科）和我们一样是哺乳动物——呼吸空气、恒温、胎生，并拥有复杂的大脑。它们曾经是多毛的四足动物，在河流和浅海中捕捉猎物。在回归海洋约1 500万年后，它们演化为今天我们所认识的海豚形态：流线型的身体，几乎无毛的、有弹性的皮肤，鳍状肢（由四肢演化而来），以及便于游泳的背鳍。[48]许多海豚似乎都在微笑，这赋予它们一种动物的魅力，而它们对人类友好的名声也助长了这种魅力。[49]

抛开海豚仁慈的形象，值得思考的是，海豚作为一种哺乳动物是如此与众不同，它们的演化路径也与其他哺乳动物截然不同。科幻作家杰夫·范德米尔在《湮灭》（2014 年，"遗落的南境"三部曲的第一部）中捕捉到了这种异形特质。在对佛罗里达州的禁区"X 区域"（一个外形智能体导致该区域生物的脱氧核糖核酸发生了突变）进行探险时，女主角目睹了一对海豚在运河中跃出水面，其中一只海豚一边翻滚一边看着她，"在那一瞬间，我觉得它的眼睛不像海豚的，而是像痛苦的人类，甚至还有点熟悉"[50]。

范德米尔笔下海豚这种令人不安的形象与人类的想象背道而驰，人类对海豚的想象植根于古代关于海豚助人为乐的众多神话。当普鲁塔克观察到海豚似乎不求回报地向我们伸出友谊之手时，他借鉴了音乐家阿里翁的神话。水手企图抢走阿里翁的积蓄，把阿里翁扔进了大海，海豚听到他临终前用琴声演奏阿波罗颂歌，将他救起。在希腊神话中，阿波罗曾化身为海豚，为位于德尔斐的神谕所招募祭司。这些古典海豚神话产生于古代西方文化的地理环境，即地中海温带海域的海岸。它们体现了海豚的交际能力、智慧，以及物种间的友好关系。神话很可能也反映了人类与海豚之间的"互助"行为，普林尼最早对其进行了描述。自古以来，海豚就在人类的训练下牧鱼，以获得食物。[51] 后现代建筑师迈克尔·格雷夫斯在佛罗里达州设计的迪斯士世界海豚度假酒店（1990

年），也以建筑的形式展示了古代海豚神话，海豚的历史形象被放大为一个巨大的装饰物，不过在解剖学上不够准确。

20 世纪 60 年代，美国神经科学家约翰·C. 利利开始探索人类与海豚之间真正的跨物种交流。利利是一名高产作家，其作品也被改为知名的好莱坞电影——《海豚之日》（1973 年）和《变形博士》（1980 年）。利利最初是在佛罗里达州的海洋工作室研究海豚，这是第一个成功圈养鲸目动物的水族馆（自 1938 年起）。[52] 1960 年，利利在美属维尔京群岛的圣托马斯岛购买了一处房产，然后将其改建为人类和海豚的住所，与他的家人和其他研究人员一起住在那里，其中包括著名人类学家格雷戈里·贝特森。与利利团队生活在一起的有三只海豚——彼得、帕梅拉和茜茜，它们被安置在一座由潮汐冲洗的海水池中，研究实验室就建在上方。其中一位来访的研究人员玛格丽特·豪·洛瓦特讲述了她如何与彼得生活在一个漫水的房间里，这样她就总是能与这只动物待在一起，即使是在她睡着的时候。最有争议的是，她与彼得的性接触后来被《风月女郎》杂志在 20 世纪 70 年代大肆渲染。尽管她彻底融入了彼得的日常生活，但训练彼得理解并回应人类语言的多次尝试都以失败告终。实验室于 1966 年关闭，海豚被转移至条件恶劣的迈阿密。后来，关于帕梅拉和茜茜的遭遇没有更多信息，但据说彼得以主动停止呼吸的方式自杀了。[53]

如纪录片《与海豚说话的女孩》（2014 年）所示，20 世纪 60 年代，玛格丽特·豪·洛瓦特和海豚彼得在约翰·利利的海豚实验室里

    利利的非传统研究启发了美国建筑和艺术团体蚂蚁农场的"海豚大使馆"项目，该项目于 1973—1978 年构思和开发，之后，该团体——成员包括奇普·洛德、道格·米歇尔斯和柯蒂斯·施赖尔——遭遇了一场灾难性的大火，大火烧毁了他们在旧金山的工作室和大部分档案，团体由此解散。[54]蚂蚁农场的作品贯穿着一条有力的动物学主线，如让人联想

到昆虫在地下集群工作的团体名称、以蛇和乌龟为造型建造的充气建筑。其中，海豚大使馆是他们创造跨物种建筑的全新尝试。[55] 柯蒂斯·施赖尔兴致勃勃地在图纸上展示了人类和海豚共同居住的各种生物形态结构：帆状翅膀可推动船只前进，多层水道供海豚游泳并与人类互动，水下"可操纵箔片"形似鲸类的鳍。结构的中心是"大脑室"——该项目的技术核心，人类和海豚将在这里通过计算机、录像和声呐识别软件进行互动。海豚大使馆实际上是约翰·利利的人类/海豚栖息地升级版，并注入了蚂蚁农场在 20 世纪 60 年代末所崇尚的迷幻药文化。

施赖尔的图纸包括一个令人回味的主题——交织在一起的人与海豚，它标志着该项目要归功于利利、洛瓦特和其他研究人员在尝试与海豚交流时所付出的巨大努力。就像利利的实验室一样，海豚大使馆消除了科学过程的客观距离。它也与通常舒适的家庭空间背道而驰；根据泰勒·苏文特的说法，这里创造了一种环境，"为与'异类'生命的激进外交而服务"[56]。海豚大使馆也有很强的政治维度，原因是它从传统的、以人类为中心的外交观念，转向了培育物种间的友谊。该项目在其非特定的海洋位置上也是"无地点"的，它位于传统的领土边界之外，非常符合人类通常的想象——海上生活在社交和政治上是自由的。[57] 这也许意味着人类所表现出的某种傲慢——将海洋当作激进实验的前沿——但它仍然以

蚂蚁农场的"海豚大使馆"项目（柯蒂斯·施赖尔绘），手工上色的棕色线稿，1975 年

一种具有包容性的解放政治为基础，人类和超越人类的生物都在共居的过程中发生了转变。

　　尽管 1976 年蚂蚁农场访问澳大利亚后，该项目在澳大利亚的小规模版本几乎得到了通过，但鉴于其激进的性质，海豚大使馆从未建成也就不足为奇了。[58] 不过，该项目的核心原则是与海豚共处，因此它仍是人类想象与动物共同生活的有力方式。如今，在世界各地许多水族馆中备受争议的"抚摸池"里也是如此。在这些浅水池中，游客可以接近和抚摸圈养的海豚，这可能会对鲸类造成很大的压力，却被认为是治疗人类发育障碍（如自闭症）的一种有益方式。在这里，海豚与人类之间的联系被视为提供了某种形式的治疗，这种治疗效果建立在人类将海豚视为天生聪明、有灵性和友好的动物的观念之上。[59]

全世界约有 200 座海洋馆饲养海豚，人们得以欣赏海豚游泳、潜水和跳跃等精彩表演，这些表演往往是由海豚训练员精心编排的。虽然从 1938 年起，海豚就被圈养起来，向公众展示，但在过去的几十年里，水族馆的设计发生了巨大的变化，水族馆建造了越来越大的水族箱，以满足人们对鲸类动物更加壮观的表演的需求。[60] 尽管水族馆标榜其生态价值（以及其作为研究和保护场所的作用），但海豚在人工环境中生活和表演所需的基础设施耗费了巨大的能源。也许，水族馆在设计时最好能将基础设施公之于众，就像在 19 世纪初建造的水族馆一样（尽管当时里面没有海豚）。水族馆与其伪装成"野生"空间，不如公开展示其无数的管道、水泵、过滤器、湿度控制器和照明系统，以演示海豚饲养的技术基础。这样，参观者就会明白，不仅仅是圈养的海豚，所有生活在人工设施中的动物（包括我们自己）都需要完整的生命维持系统。[61]

然而，越来越多的人认为，人工饲养海豚本身就存在着极大问题，因为无论人工水族箱有多大，都无法模拟无边无际的海洋（海豚的一生要经历漫长的迁移）。在倡议禁止人类接触海豚的同时，一些现有的水族馆正计划将圈养的海豚放归大海。2014 年，巴尔的摩国家水族馆委托冈工作室设计一片海滨保护区，以取代该市的城市水族馆。该计划于 2016 年公布，但截至 2022 年，转移栖息地方面尚未取得任何进展。[62] 然而，2016 年拟议保护区的效果图显示，海豚仍在为一群游客表演，游客则被安置在新保护区的码头和观景平台上。为了保持景观的中心地位，这一提案远远没有达到海豚大使馆所要求的具身参与。将圈养动物放归野外的概念可能很有诱惑力，满足了人类对生态修复的渴望；但实际上，对于人类选择接触的动物来说，尤其是对于那些天性友好且人类倍加珍视的动物来说，驯化与野生确实没有严格的界限——在我们与海豚接触的过程中，我们改变了它们，就像改变了我们自己一样。

冈工作室设计的国家水族馆项目旨在迁移巴尔的摩现有的海洋馆

鲑 鱼

自古以来，物种间思维一直是世界各地原住民宇宙观和日常生活的核心。在北大西洋和北太平洋的原住民当中，鲑鱼是主要的物种资源：根据 19 世纪早期殖民者的描述，对于那里的原住民来说，丰富的鲑鱼资源简直取之不竭。在如今华盛顿州和俄勒冈州的斯内克河与哥伦比亚河上，殖民者发现了一系列与鲑鱼有关的建筑和材料，如在塞利洛瀑布搭建的木制脚手架（以便安全地进入漩涡水域捕捉鲑鱼）、晾晒着鲑鱼干的众多谷仓，甚至是铺在篮子里用于防水的鲑鱼皮。[63]

如今，在经历了殖民、环境污染以及水电大坝对河流的破坏后，那里的文化和它们赖以生存的鱼类大多已不复存在，但人们越来越感觉到，鲑鱼可能会再次成为西北太平洋地区的主要物种。2003 年，总部位于波特兰的生态信托公司成立了"鲑鱼之国"组织，该组织是受 1999 年出版的《鲑鱼国度：人、鱼和我们共同的家园》（爱德华·C. 沃尔夫、塞斯·扎克曼编）一书启发而成立的。"鲑鱼之国"超越国界，由鲑鱼而非人类的地理位置来定义，它的范围从阿拉斯加一直延伸到加利福尼亚北部的太平洋沿岸，再到上游数百英里的内陆鱼类产卵地。"鲑鱼之国"希望建立一个"人、文化和自然都能繁荣发展"的区域，通过促进社区交流和技能分享，形成由原住民和非原住民社区共同组成的广泛网络。[64] 这项事业的关键在于，人们希望将食物和资金等各种资源重新交还给共同所有者，而在鲑鱼本身的地理覆盖范围里，人类所谓的领土是另一套组织系统。

2018 年，建筑师成镛旭的学生项目"成为鲑鱼"在当地实现了"鲑鱼之国"的价值观。在项目的想象中，由于全球变暖，未来的温哥华已沉没在海平面之下。在部分归还给原住民的同时，这座未来的沉没之城也被鲑鱼淹没，在成镛旭的一幅视觉作品中，我们可以看到鲑鱼在被淹没的摩天大楼之间游动。每年鲑鱼逆流而上产卵的时候，人们都会打扮成鲑鱼的样子，举行年度游行，而拴着特大鱼卵的鲑鱼形氦气球会飘浮在城市上空。[65] 这种以鲑鱼形象重塑城市的激进愿景，在西雅图的海岸线上以一种截然不同的形式得以实现。2016 年，艾略特湾海堤的重建工程完成，试图将鲑鱼与它们的"高速公路"重新连接起来，"高速公路"即成熟鲑鱼借以从海洋返回产卵地（几乎总是它们的孵化地）的河流。西雅图滨水区的工业发展严重破坏了鲑鱼的生活，现在它们终于有了避难所。该项目在海堤基部堆叠了由沙子和砾石垫组成的栖息台阶，以抬高当地的海床；上方的悬廊用玻璃砖铺设，使阳光能够穿透下面的水域，促进植物生长，并帮助鲑鱼更好地在水中游动。[66] 这两个项目都试图让鲑鱼重新融入城市生活，虽然方式截然不同，但都为鲑鱼开辟了与人类共存的空间，鲑鱼不仅仅被作为食物来源，还被作为其他更无形的滋养形式。

图片来自成镛旭的"成为鲑鱼"项目（2018年），它展示了未来温哥华为纪念鲑鱼而举行的游行

在人类建造的世界中为鲑鱼留出空间的另一种方法，是减轻人类改造河流后对鱼类生命周期的破坏性影响。千百年来，鲑鱼产卵都必须克服河流中的人为障碍（主要是鱼梁），但从19世纪开始，人们在河流上建造的大型水车和水坝才不可逆转地破坏了鲑鱼逆流而上的能力。鱼梯（或鱼道）是一种设计时的干预措施，可以让鲑鱼和其他产卵鱼类通过水坝、

水闸和鱼梁等原本无法逾越的障碍。第一座现代鱼梯是苏格兰工程师詹姆斯·史密斯于 1830 年在蒂斯河上建造的，目的是让鲑鱼安全通过一家棉纺厂的水道设备。它由一系列凿入河中的低台阶组成，用于控制水流速度，使鱼类能够顺利通过。[67] 到了 20 世纪 50 年代，这些结构已经发展到非常庞大的规模，例如，俄勒冈州哥伦比亚河邦纳维尔大坝鱼梯的混凝土阶梯的垂直高度达到了 60 米。现在，有多种设计可以帮助鲑鱼逆流而上：挡板式鱼道是将对称的封闭空间挡板插入河道中，以改变水流方向；鱼梯升降机可以将鲑鱼从集水区捞起，然后将其提升到上游，促使它们继续踏上旅程；鱼炮可以用气动管吸起鲑鱼，轻轻地将它们推向上游。大多数设

德文郡洛普威尔大坝建造的鱼梯，2010 年

计方案的缺点是无法解决与水电站建设的相关问题，例如水下涡轮机会杀死许多鱼类。鱼梯通常不适合鲑鱼以外的其他洄游鱼类，特别是鲟鱼和鲈鱼，它们不像鲑鱼那样拥有轻易跨越这些障碍的能力。研究发现，到目前为止，帮助洄游鱼类的最佳方法只能是完全拆除水坝和发电站。[68]

建造鱼梯是为了帮助一代代野生鲑鱼洄游迁徙。人类食用的鲑鱼大多是人工养殖的——如今，人工养殖的鲑鱼与野生鲑鱼几乎是各自独立的物种。19世纪，人们首次尝试让鲑鱼在专门建造的孵化场中产卵，但直到20世纪60年代，人类建造的孵化场才可以成功容纳鲑鱼的整个生命周期。挪威是鲑鱼养殖技术的先驱，他们在避风的峡湾海域建造了用缆绳固定的浮动鱼池；苏格兰在1969年，美国和加拿大在20世纪八九十年代，智利在近年来也开始效仿。[69] 2021年7月，挪威政府公布了新的水产养殖战略，其目标是在2050年，养殖鲑鱼和鳟鱼的产量达到500万吨，这几乎是2022年产量的5倍。[70] 这就要求挪威将几乎所有合适的沿海地区都进行开发，而苏格兰西部的大部分地区已经在这样做了。尽管养殖鲑鱼似乎是缓解野生鱼类数量不断下降的理想方法，但它也带来了许多问题，包括挤满鱼的网箱中疾病扩散、寄生虫大量繁殖，以及大量鲑鱼粪便渗入周围水域。一些养殖的鲑鱼不可避免地会逃出围栏，从而导致野生鱼类感染疾病，尤其是致命的真菌感染性疖病。[71] 目前的设计解决方案是为鲑鱼建造陆基封闭式水槽，这是一种比当前做法更昂贵的选择，但它是由封闭循环水产养殖系统技术的发展而推动的，这种系统在安全的围栏中饲养幼鲑，然后将它们转移到海上网箱中养至成年。[72]

随着人们越来越关注集约化养殖对环境的影响，将建筑用作渔业公关工具已经不足为奇了。2022 年 9 月，挪威海产品公司艾德·弗约德布鲁克的渔业养殖基地在哈当厄尔峡湾开设了一座高科技游客中心——"鲑鱼之眼"，它由丹麦的克沃宁交互设计公司负责设计。正如人们所料，"鲑鱼之眼"的生物形态外观的灵感来自鲑鱼眼球的特写照片，而六边形金属饰面板则模仿了鱼的鳞片。游客在里面可以看到养殖的鲑鱼在玻璃幕墙内游动，并按照设计师所说的，以"互动和可持续的方式"体验水产养殖，同时还能参与关于渔业养殖未来前景的讨论。[73] 鉴于挪威政府目前计划大幅增加鲑鱼养殖，在推广"鲑鱼之眼"时所使用的可持续发展的陈词滥调显得空洞无物。如果建筑的所谓自然主义形式是为了掩盖此做法所引发的真正环境问题，从而转移人们的注意力，那么这种仿生设计就会出现问题。此建筑便存在"洗绿"风险，即通过传达错误的印象或提供误导性信息，让公众认为该公司的产品比其他公司的产品更环保。

不过，还有一些物品从鲑鱼中汲取了灵感。在俄罗斯远东地区和日本北部，几个世纪以来，原住民会腌制鲑鱼皮，并用鲑鱼皮制作衣服。与此同时，人类对鲑鱼的这种特殊利用也为欧洲的时装设计增添了新的元素——尽管迄今为止只取得了有限的成功。21世纪初，爱尔兰鲑鱼皮革公司开始销售一系列用鲑鱼皮制作的手袋、皮带和钱包。在高端市场，现居苏格兰的智利设计师克劳迪娅·埃斯科瓦尔创立了SKINI品牌，生产一系列鲑鱼皮牛仔裤和比基尼，金·卡戴珊·韦斯特等名人都曾穿过。[74]市面上甚至还有一款鲑鱼皮毛皮袋。这些产品都是用鲑鱼皮制成的，否则这些鱼皮就会被加工厂丢弃——鱼肉是人类的食物，但鱼皮通常是被丢弃的部分。虽然服装和建筑之间存在着天壤之别，但我们可以想象，以废弃的鱼皮为基础，可以生产出一系列新的纺织品和装饰品，让建筑的硬装和软装成为"真正的鲑鱼"——五彩斑斓的鱼皮创造出令人眼花缭乱的装饰表面。鲑鱼装饰建筑不但不会掩盖我们与这些鱼类之间令人不安的关系，反而会引起人们的注意，提醒我们：在家的私密空间里，外来的动物仍然存在，我们消费时产生的废弃物变成了闪闪发光的银色。

河　狸

　　阻碍鲑鱼洄游的不仅有人类建造的建筑，还有河狸建造的水坝。河狸建造水坝的目的是把河流改造为理想的栖息地，以保证静水区环绕它们的巢穴。河狸的"家"是由无数树枝构成、用泥土固定的土丘结构。它们只有在水下才能进入巢穴，巢穴给河狸提供了安全和保护——河狸一般成双成对，终身在一起，如果可能的话，它们还会将巢穴传给后代。为了创造它们所向往的静水区，河狸有时会建造几道相互连接的水坝和水渠，将它们的水塘与新的木材和食物来源连接起来。简而言之，河狸是名副其实的"景观建筑师"。据说，流水声会激发河狸的建造行为——这种环境线索会激活动物体内的认知过程，促使河狸用木棍、泥土填补漏洞，在蜿蜒的水道中开辟捷径，或是修补破损的水坝。像白蚁丘一样，河狸所筑的水坝被理查德·道金斯描述为"延伸的表型"的有力例证，即一个有机体的基因影响力超越了生物界限。就河狸而言，这种基因表型的影响能达到动物个体的数英里之外。[75]

河狸筑坝在 17 世纪欧洲人殖民北美之后才受到持续关注。欧亚河狸（*Castor fiber*）与北美河狸（*Castor canadensis*）是不同的物种，很长一段时间里，欧亚河狸的数量迅速衰减。自古以来，欧亚河狸就因其河狸香的治疗功效而备受推崇，它们的毛皮被认为是制作宽边帽的绝佳材料。北美河狸的皮毛也同样受到重视，在北美大陆向西殖民化的过程中，河狸为了躲避屠杀而退避三舍。早期的定居者认为，河狸有时会组成个体数量达几百只的团队，一起和谐地工作。这是定居者渴望建立一个完美社会的强烈投射，河狸似乎为定居者提供了一个可以效仿的模式。[76] 刘易斯·亨利·摩根的著作《美国的河狸和它的杰作》（1868 年）强烈地表达了河狸的这种乌托邦主义。摩根是一名训练有素的铁路律师，以对易洛魁印第安人的人种学研究而闻名于世。19 世纪 60 年代初，摩根参观了苏必利尔湖南岸附近的一段新铁路（该铁路是为他担任董事和股东的公司而建的）后，对河狸产生了浓厚的兴趣。《美国的河狸和它的杰作》所附的插图揭示了河狸卓越的聪明才智：在摩根研究的 124 平方千米范围内，有 63 座河狸水坝，其长度从 15 米到 150 米不等，由此形成的池塘面积从 0.1 公顷到 64 公顷不等，其中还分布着许多巢穴、洞穴和人工水渠。[77]

摩根不仅推翻了数以百计的河狸参与修建水坝的说法（在特定的领地，只有一个河狸家族参与修建），还揭示了河狸的社会关系结构。即使河狸被捕兽者无情地杀灭——正是摩根投资修建的铁路加剧了河狸向西撤退的绝望——它们还是被赞誉为智慧生物。摩根认为，与社会性昆虫（蜜蜂、黄蜂、蚂蚁和白蚁）不同，河狸不是"为了生存而斗争"，而是要提高自己的幸福感和满足感："当河狸站立片刻，审视自己的工作时，它显然是为了看看一切是否正确，是否还需要什么，这表明河狸能在头脑中保持思考；换句话说，它意识到了自己的心理过程。"[78]摩根认为河狸具有自我意识，这明确挑战了长期以来欧洲人将动物视为"未开化"的观点，该观点认为河狸是根据与生俱来的本能而不是有意识的能动性来活动的。[79]他还进一步指出，河狸是通过实验来学习建筑技能的。摩根发现，河狸的每一座巢穴、水坝或水渠都是不同的，每一个结构都是河狸家族对当地环境条件的深思熟虑的反应。摩根的结论是对人类例外论的尖锐挑战：如果低等的啮齿动物都能创造出非凡的工程作品，那么人类设计师还能完成到什么程度呢？一个多世纪后，美籍奥地利建筑师伯纳德·鲁道夫斯基也呼吁建筑师重新发掘动物的本能，以对抗现代主义教条和技术进步的束缚，从而重现了摩根对河狸的推崇。鲁道夫斯基将本能重新塑造为一种积极的美德，无论是对动物还是对人类建筑师来说都是如此；他为建筑师提供了一条回归自发性、游戏性和直觉的道路，而现代主义似乎已经被其摒弃。[80]

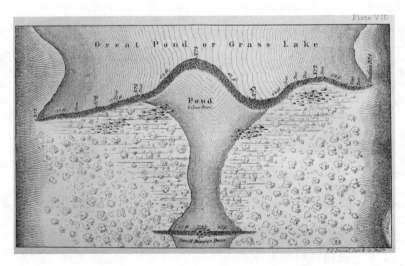

刘易斯·亨利·摩根的《美国的河狸和它的杰作》（1868 年）中，苏必利尔湖附近河狸建造的水坝地图

加拿大也有著名的河狸爱好者——阿奇博尔德·斯坦斯菲尔德·贝莱尼，人称"灰鸮"。他是加拿大最初的"伪装者"——他出生于英国，1906 年移居加拿大，随后他伪装为印第安人，并改名为灰鸮。灰鸮是 20 世纪 20 年代末至 30 年代初多部电影的主角，同时也是一位作家和讲师，他借鉴了亨利·戴维·梭罗和拉尔夫·瓦尔多·爱默生的浪漫传统，将自己塑造成荒野的代言人。20 世纪 30 年代，灰鸮受聘于多米尼克公园分部（即今天的加拿大公园管理局），在萨斯喀彻温省阿尔伯特王子国家公园担任管理员。他的任务是在那里引入一个河狸种群，以凸显接近"野性"自然的简单生活的优点。[81] 1934 年的纪录片《灰鸮的怪客》展现了令人震惊的画面：河狸在灰鸮的湖边小木屋建造了巢穴，一半在屋内，一半在屋外——灰鸮的日常生活与他特殊的动物伙伴（名为"果冻卷"和"生牛皮"的两只河狸）紧密相连。

　　纪录片讲述了温馨的"家庭生活"，影片中河狸是温顺和纯真的化身，与想象中令人不安的共居生活形成鲜明对比。[82] 河狸和人类可能有许多相似的行为特征，但对建筑的品位显然截然相反：在直线型的小屋内外，河狸巢穴的木材和泥土横七竖八地堆在一起，是一个完全有机的土堆——它提醒我们，人类在建筑方面，尤其是在住宅方面，总是在追求整洁和秩序。相比之下，河狸的建筑有高度的可变性，能够长时间适应破坏、遗弃和更新，而人类的建筑很少能做到这一点

《灰鸦的怪客》（1934 年）剧照，它展示了萨斯喀彻温省阿贾瓦安湖旁灰鸦小屋内的河狸巢穴

（当然，除非它们已成为废墟）。[83] 2019 年 3 月，讽刺性网络期刊《洋葱》发表了一张数字合成图片，图中展示了一座按照现代主义建筑师保罗·鲁道夫的风格建造的河狸水坝——由木棍和泥巴堆砌而成的直线型集合体，以荒诞的方式讽刺了许多建筑师，尤其是像鲁道夫这样完全接受现代主义的建筑师，以及他们对几何纯粹的迷信。[84]

如今，欧亚大陆和北美洲的河狸数量都在健康增长，这是自 20 世纪 20 年代以来广泛开展的重引入项目的结果。[85] 生物学家现在将河狸视为关键物种：作为生态系统中的"工程师"，它们的活动可以增加生物多样性，特别是水生昆虫、两栖动物和鸟类的数量。对于所谓的"河狸信徒"来说，这种动物还有更重要的作用，即减缓全球变暖所产生的负面影响。河狸的水坝可以截留并减缓水流，让水有时间浸入地下，有助于抑制山洪暴发，而山洪暴发的增加与人类活动对气候的影响密切相关。河狸甚至被重新引入城市河道。2007 年，第一批河狸出现在纽约布朗克斯河上，在此之前，它们已经消失了 200 年。[86] 近来，人们将河狸视为生态救星，这往往低估了它们作为建设者的自主性：实际上，河狸筑坝淹没的区域可能会扰乱人类活动，人类为了自身利益，希望能够控制河狸的行为，但河狸对此无动于衷。人们有时会使用一些精心设计的装置来减小水流的声音，以欺骗河狸，让它们不要建造水坝；这是人类在对待动物时工具性思维的体现，也是一个怪诞但完全可以预见的后果。

或许，正如 OPSYS 设计小组在 2018 年提出的那样，我们应该允许河狸完全自主、随心所欲地进行建设。在他们对未来曼哈顿"去殖民化"的设想中，中央公园将被河狸占领。[87] OPSYS 的激进提案将这座标志性公园视为殖民权力的纪念碑，允许河狸"劫持"纽约的水道，将公园去殖民化，还将其归还给几个世纪前最初居住在这里的原住民。在这个项目中，河狸造成的洪水是一个强有力的隐喻，它推翻了以灭绝人类和非人类为特征的殖民史。即使抛开这一明显的政治隐喻不谈，目前

"再引人"的概念显然也存在严重缺陷。河狸的建造方式与人类对恒定性和线性的重视背道而驰，尽管我们试图使河狸成为我们的代理人，但河狸的建造方式始终不受人类控制。如果我们未来要与河狸一起生活，我们就必须接受它们作为建设者的角色，以及由此带来的混乱和不确定性。[88]

　　夏洛特皇后群岛的海达族与不列颠哥伦比亚省海岸隔着海卡特海峡相望，海达族的"女人-河狸"神话讲述了一场物种间的交错，在这场邂逅中，被改变的是人，而不是河狸。在故事中，一位年轻女子嫁给了一位伟大的猎人，猎人的长期缺席，导致女子花越来越多的时间在他们荒野小屋旁的池塘里游泳。最终，她和她的孩子们都变成了河狸，归来的猎

　　OPSYS 设计小组关于纽约中央公园再野化的思辨提案《可恶：河狸宣言》，上图基于保罗·佩蒂贾尼的原始红外照片拼接而成，2018 年

人徒劳地寻找他的家人，直到他意识到妻子已经变成了一种动物：她的长发变成了茂盛的毛发，她的家居围裙变成了河狸的尾巴。这个故事体现了人类和其他动物之间的模糊界限。它反映出河狸像其他许多动物一样，似乎象征着人类自己的行为方式；就河狸而言，它既要建造和维护家园，又要确保后代的生存能力。"女人－河狸"的故事采用拟人化的手法，让人们认同动物，而不是让动物屈服；河狸和人类一样，建造家园是为了满足自己对舒适、安宁和庇护所的需求。[89]

第五章　家养

2021 年 9 月，哥伦比亚流行歌星夏奇拉在巴塞罗那的一座公园里散步时，遭到一对野猪的袭击。幸运的是，她击退了野猪，没有受到任何伤害；野猪的目标似乎只是她手提包里的物品。[1]近年来，在巴塞罗那和全球北方其他城市，不只是夏奇拉，越来越多的人遭遇了有攻击性的动物。这是城市发展，以及城市与动物栖息地冲突带来的后果：巴塞罗那的野猪攻击事件就发生在那里的科尔塞罗拉自然公园。随着城市的扩张，一些物种离开了它们日益变小的栖息地，而另一些物种，如野猪，则利用人类的接近，冒险进入陌生的城市环境，以人类剩余的垃圾为食。[2]在城市中与野猪发生冲突的事件越来越多，最近在罗马北部地区发生了一系列野猪袭击事件，居民们担心受到野猪袭击，因此实施了宵禁措施。[3]这只是全球北方城市人与动物的关系发生奇怪逆转的一个例子。在现代城市的历史中，动物逐渐被赶出街道，家养动物和野生动物之间的界限也越来越严格。但如今，在美国的一些城市里，你可能会遇到游荡的野猪，猫和狗却无法自由活动，这种情况与半个世纪前大为不同。

最后一章的重点是驯养的动物，从通常所说的宠物（狗和猫）到家畜（马、牛、猪和鸡）。与其他动物相比，驯养的动物与人类创造的世界更加息息相关。大多数宠物的主人不会为狗或猫建造房子（那些"收容所"主要是为被遗弃的动物准备的），但他们还是会根据个人喜好或当地法律规定，或多或少地与宠物分享家庭和城市空间。正如我们将看到的，猫和狗以某种方式理解人类建造的世界，但我们除了将宠物的一些行为和特征拟人化之外，是否真正了解我们的宠物？

家畜与建筑物的关系要直接得多。就马而言，它们需要居住在一定的建筑中（马厩），还需要与骑马有关的空间和结构。马如今不仅被作为牲畜，还常常被当作宠物；曾经，马是在城市中生活和工作的数量最多的动物，是载人和运输货物的主要工具。正如本章将展示的那样，马的地位发生了翻天覆地的变化，为它们建造的房屋也随之发生了改变。关于最后的三种动物——牛、猪和鸡的章节，将讲述建筑与人类消费的动物（就牛和鸡而言，还包括动物自己的身体产品）之间的关系。不幸的是，这呈现了一个越来越令人沮丧的监禁体系，特别是在如今占主导地位的、为畜牧业开发的工厂化农场系统中。对于这些注定要被人类消费的动物来说，它们的生命通常非常短暂且暗淡，从住房到基因结构，它们所处环境的方方面面都由人类所控制。这些动物的生活大多远离公众视线，其痛苦程度几乎令人难以置信，归根结底是因为人类仅将它们视为供自己消费的功利产品。

在考虑家畜与建筑时，本章试图通过关注家畜的替代饲养方式来缓解这一令人沮丧的现实，这些替代方式回归小规模饲养，以及提高对动物福利的认识并采取积极的应对措施。我不会极端地认为，对动物福利的唯一人道回应就是成为素食主义者或纯素主义者（尽管就我而言，由于写了这本书，肉类和家禽都明显变得不好吃了）；相反，我更想表达的理念是不要简单地把牲畜看成供人类使用的功利物品。人类驯化动物的漫长历史起源于一种截然不同的过程，即人类与狼之间的共生关系，人和狼都能从这种关系中受益。通过富有同理心的想象力而敞开心扉，与熟悉的动物建立意想不到的联系，这在促进关爱牲畜方面，可能比动物权利活动家所采取的惊人策略要有效得多。真正考虑到动物的建筑，不仅仅意味着简单地将它们视为家畜，无论这种行为的初衷有多么好。相反，这意味着抱有共同创造未来的希望——在这个世界上，无论我们接受与否，我们都已与众多生灵息息相关。

狗

狗和人类至少已经共同生活了 12 000 年，早于人类开始从事农业生产和实现定居生活。[4] 因此，人类和狗实际上是共同进化的。尽管这种物种间的关系并不平等——人类是主人，狗是从属者——但它仍提供了与动物成为伴侣的机会。不过，用唐娜·哈拉维的话来说，这种关系是"明显不自由的"。在她于 2008 年出版的《当物种相遇》一书中，狗同时被描绘成人类的伙伴（尤其是在各种形式的游戏中）、心甘情愿的伴侣、圈养的实验对象、"设计师"宠物、残疾人的治疗辅助，以及体育赛事中的参赛者。哈拉维颠覆了人们普遍的观点，即狗本质上是被驯服的狼（因此不如狼）。她提出了一种充满争议的观点，即狗与人类以各种方式联系在一起；人类和狗根本不是相互隔离的物种，而是完全交织在一起的。[5] 驯养狗的最早考古证据有力地证实了这一点：在如今的以色列北部，有一座 12 000 年前的石墓，墓中有一具人类骸骨，他的一只手放在一只小狗的骸骨上。[6]

哈拉维的研究主要是基于她自己和大多数狗主人与狗的关系（2021 年，英国约有 26% 的成年人养狗，狗的数量约为 960 万只），研究在一定程度上证实了她的观点——尽管没有经过学术批判。除了相对较少的狗被关在狗窝里，绝大多数宠物狗都生活在主人的家里，在主人允许的范围内享用尽可能多的空间（和尽可能多的家具）。这也许不足为奇，如今，宠物狗的用品越来越多，包括各种各样的微型住宅、大规模生产的床和篮子、建筑师设计的狗屋，应有尽有。长期举办的巡回展览"犬类建筑"（2012 年至今），以及 2013 年在墨西哥举办的犬类建筑博览会等活动，展示了由 MVRDV 等知名公司设计的狗屋。许多展品在 2018 年出版的畅销书《宠物建筑》中都有所呈现，一些设计可供狗主人下载。[7] 其中大部分设计都是狗屋的形式变体，这些规整的狗屋结构反映了长期以来人们对狗的拟人化解读，即狗本质上是人类的缩影（因此希望它们的住所是人类房屋的小规模版本）。不过，也有少数设计师对这种以人为本的设计理念提出了质疑，并将人类和狗的活动融合在一起。例如，文昇基设计的狗屋（该设计师的"宠物家具"系列的一部分）有着山墙式屋顶，位于两个沙发之间的木质结构中。[8] 另外，在胡志明市的一栋房子里，07BEACH 的"犬类楼梯"设计提供了两组平行的楼梯，一组专门为一只小狗打造，另一组供狗的主人使用。[9]

正如《宠物建筑》一书所指出的，建筑师参与狗屋设计的部分原因是宠物用品商业市场的蓬勃发展（尤其是在美国），而非对狗本身实际需求的回应。[10] 事实上，通过观察我自己的宠物狗查理（2020 年 3 月收养的一只小狗）的生活习惯，我发现它与家庭空间的关系与众不同。与许多狗主人不同，我们没有强迫查理睡在狗笼里。因此，它通常对占据我们家以外的空间或建筑没什么兴趣（也可以说，让狗习惯用笼子实际上是一种人类中心主义的投射，目的是在家中将严格的空间界限强加于人与狗之间）。于是，查理选择完全住在家里，无论何时，它都想与出现在身边的人保持亲密关系

07BEACH 设计的"犬类楼梯"，2012 年

（但它总是更喜欢与我的妻子做伴）。因此，它的特定空间与我们的空间紧密相连，它只有一张从宠物店买来的床，而且只有当我们在附近时它才会睡在这张床上（当我写完这句话时，它正在床上睡觉）。有些狗在类似兽穴的空间里感觉最安全，这反映了来自野外的习惯，但大多数狗对松弛的设计感到非常满意，例如在床上、地毯或沙发等最喜欢的地方铺上一块特殊的毯子。

与《宠物建筑》中大部分传统的狗屋相比，菲利普·拉姆在 2011 年拍摄的短片《不像家的房子》中，为狗提供了一种更加体贴的建筑风格。在这部短片中，拉姆关注狗和人的平均体温差异，在人的床上方为狗定制了一个睡眠空间，这个空间的空气温度较低，以保证狗的舒适度。[11] 虽然这个方案让宠物和主人产生了空间隔离，但此设计并不是为了强调人类对宠物狗的控制，而是为了满足两个物种的不同需求——它实际上细致入微地考虑了宠物狗的实际生理机能。拉姆称这个项目为"不像家的房子"，他同时也提醒人们注意狗的动物性需求是如何影响人类生活的。正如我自己发现的那样，允许或防止这些干扰在很大程度上正是养狗的意义所在，尤其是在养一只幼犬时。

与近些年来流行的狗屋相比，为非宠物狗提供住所的历史要悠久得多，因为直到 20 世纪，狗才在很大程度上脱离了它们自 12 000 多年前被驯化以来为人类承担的工作。长期以

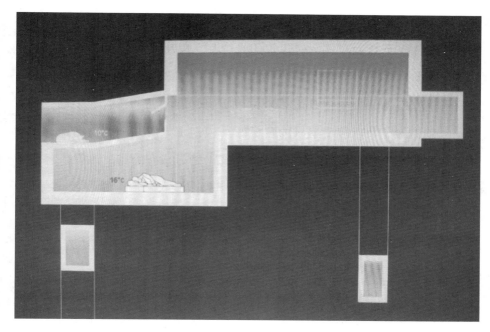

菲利普·拉姆拍摄的短片《不像家的房子》中的图像，2011 年

来，狗的强大嗅觉（至少比人类的灵敏 10 万倍）使其成为人类猎捕其他动物时的得力助手——打猎原先是为了获取食物，后来是为了运动。狗也是一种灵巧的动物，它们可以被训练来完成各种各样的任务，尤其是放牧和看守牲畜（在电影业的一个案例中，狗甚至还能驾驶飞机）。人们一般用犬舍来饲养工作犬，犬舍是饲养单只或多只犬的围栏。18 世纪，英国和法国贵族阶级的庄园里建造了许多精心设计的猎犬犬舍。这些犬舍通常采用花园寓所（在法国被称为 ferme ornée）的设计方式，以迎合这一时期兴起的如画花园景观设计传统。[12]

英国现存的例子包括类似城堡、哥特式教堂、帕拉第奥式房屋，以及意大利式乡村建筑的犬舍。[13] 1778 年，著名建筑师约翰·索恩爵士为他的朋友德里主教设计了一座奢华的犬舍。这座宏伟的古典建筑虽然未付诸实施，但体现了当时许多已完工的犬舍建筑所追求的目标——为狗主人树立强有力的地位象征（可以说，如今的犬类建筑正是为富有的狗主人提供了这样的象征）。索恩的设计还以中央圆形大厅为特色，这是这一时期动物围场的常见空间特征：支撑穹顶的多立克古典柱式使动物们"文明"起来，同时也安排了它们各自的住所，以便饲养员对其进行监视。[14]

正如建筑历史学家桑德拉·卡吉·奥格雷迪观察到的那样，穹顶在人类建造的狗屋中占据重要地位，然而，建造这

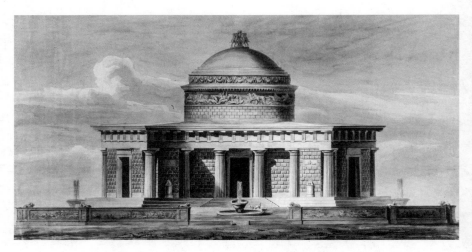

约翰·索恩爵士设计的类似古典神庙的犬舍，1778 年

样的狗屋却不仅仅是为了陪伴，例如坐落于美国纳什维尔附近，竣工于 2014 年的玛氏宠物护理全球创新中心。作为一家营养研究机构，该中心饲养了 180 多只狗，每 24 只为一组，它们分别居住在 7 座圆形穹顶建筑中；每座狗屋都包括一个用于睡觉和进食的室内区域，以及一个可通过挡板进入的外部空间。奥格雷迪认为，这些建筑对透明度的强调不仅是人类控制狗的一种手段，也是控制驯犬师（每个人对应一只狗）的一种手段。驯犬师必须时刻关注他们的狗，并对狗的任何变化保持敏感。反过来，狗的行为也会直接影响驯犬师制订的训练计划。在这里，人与狗的关系远非平等——显然，狗对自己生活安排的发言权非常有限，但它确实表明，这里完成的工作是人和狗在共享空间中共同产出的。[15]

当狗逃离驯养生活（无论是在家庭、实验室，还是在研究机构）的束缚时，会发生一些非常不同的事情。根据犬类信托基金发布于 2018 年的流浪狗调查报告，英国有 56 043 只野狗在建筑密集区和乡村游荡，而在英国，流浪狗的存在是难以被容忍的。[16] 在印度和东欧的一些城市中，放养的狗是一个严重问题，它们通过咬人和排便将疾病传给人类。即使在美国，由于文化中对野狗的禁忌，每年也有数十万只流浪狗因犬类收容所空间不足或无人愿意收养而被安乐死。

近些年的两部电影也展示了文化界对野狗的持续关注。《白色上帝》（2014 年，科内尔·蒙德鲁佐执导）讲述了布达佩斯数十只流浪狗奋起反抗残暴人类的虚构故事，而《在迷途》（2020 年，伊丽莎白·洛执导）则是以伊斯坦布尔的一群流浪狗为中心的纪录片。两部影片都通过极低的摄影机角度、巧妙的对焦以及精心设计的声音等方式，试图捕捉狗的感受。在这两部影片中，城市的边缘空间——棕地、建筑工地、小巷和废墟——为生活在人类容忍度边缘的流浪狗提供了必要的喘息之地。野狗能在最不可能的地方找到庇护，这一点也让人感慨万千，例如《在迷途》的一个场景中，一只狗睡在伊斯坦布尔繁忙的交通路口边上，汽车对着这只看似无动于衷的动物鸣笛。两部影片还将流浪狗与城市中被遗弃的人类联系在一起：在《白色上帝》中，这是隐性的，被残暴对待的流浪狗大军是匈牙利独裁总理维克多·欧尔班对移

《白色上帝》（2014 年）中的最后一幕

民采取消极政策的一面镜子；而《在迷途》对此的呈现是显性的，一群十几岁的叙利亚难民收养了这些狗，他们共同在瞬息万变的欧亚大都市的废墟中艰难度日。

尽管这两部影片都残酷地描绘了人类虐待流浪狗的场景，但它们在结尾都肯定了物种间的神秘联系。在《在迷途》中，作为主角的一只狗嚎叫着，与附近清真寺清晨传来的宣礼产生了奇妙的和谐感。在《白色上帝》中，一群反抗的狗被一个十几岁的女孩用小号吹奏的哀伤曲调所抚慰；最后的航拍镜头显示，数十只狗在女孩和她的父亲面前安静地休息，女孩和她的父亲模仿狗的姿势，脸朝下趴在街上。在人类的暴行面前，这些试探性的但震撼人心的画面，让人看到了物种间关怀的希望；这也表明，在人类鄙弃和喜爱的事物之间，是可以找到一些联结并加深其中的联系的。这些联系也更加广泛，打破了城市中人类某些根深蒂固的划分，比如自然与文化、艺术与生活，或是野生与驯养。

猫

纪录片《在迷途》的制作在一定程度上得益于早先的一部影片《爱猫之城》（2017 年，杰达·托伦执导）的成功，该片主要讲述了伊斯坦布尔七只流浪猫的生活。《在迷途》中的狗明确地与这座城市的人类弃儿——无家可归的叙利亚难民联系在一起，而《爱猫之城》中的猫则与之形成鲜明对比，猫受到了城市居民（包括店主、咖啡馆老板、作坊主、艺术家和儿童）的尊敬。在《爱猫之城》中，这七只猫（数百年来，有成千上万只猫曾自由徜徉在伊斯坦布尔）被视为人类对这座城市依恋的象征。正如开篇叙述所说，它们体现了"无法形容的混乱、文化和独特性，而这正是伊斯坦布尔的精髓"。这种动物与城市的象征性认同延伸到猫占据伊斯坦布尔空间的方式。在《爱猫之城》中，城市的垂直性得到了凸显：这些野猫善于攀爬，随意穿越城市的垂直层；它们还在城市的地下寻找栖息地，无论是人行道下的缝隙，还是建筑物的阴暗角落（这也是它们的食物——老鼠最喜欢的栖息地）。与《在迷途》中紧贴地面的摄影相比，《爱猫之城》的摄影经常将我们带到街道上空，传达出动物的一种自由感，镜头中灵活穿梭的猫咪也反映了人类对自由的渴望。

这无疑是对野猫的浪漫描述。《爱猫之城》毫不吝啬地对这些城市动物进行了赞美。在更发达的国家，情况往往恰恰相反。例如在美国的一些城市，法律规定猫咪必须长期饲养在室内（美国各地的养猫条例存在巨大差异）。[17] 即便如此，据估计，美国仍有 2 500 万到 8 000 万只野猫（相比之下，美国有 5 800 多万只猫被登记为宠物）。[18] 近年来，针对野猫采取的主要措施是"捕捉—绝育—放归"（TNR），支持者认为这是一种逐步减少野猫数量的人道方法（而不是简单地杀死它们）。自 2010 年以来，总部位于洛杉矶的宣传组织"动物建筑师"一直在提高 TNR 计划的知名度，邀请建筑师为洛杉矶和纽约的野猫设计收容所，并在慈善活动 FixNation 上展出设计成果，所得收益将用于资助 TNR 项目。与《宠物建筑》中那些充满幻想色彩的狗窝相比，为"动物建筑师"设计的猫咪庇护所充满了原始美感，力图展现流浪猫的真实生活环境。例如，2017 年，d3 建筑工作室展出了他们设计的"猫咪小巷"，这是一个 2 平方米见方的钢架，里面放置了暖气、通风及空调设备的废弃管道，中间放置了一只遮风避雨的木箱。[19] 2019 年，同一设计团队将废弃的食品箱焊接在一起，为野猫创造了另一个庇护所。这些建筑的实用主义美学也反映了美国许多城市中野化动物（相对于被隔离的宠物来说）的尴尬地位——它们不像圈养动物那样受到爱护。

在《爱猫之城》里，伊斯坦布尔的居民似乎对家养动物和野化动物之间的模糊界限更加宽容。一些居民为城市里的流浪猫建造了庇护所，比如临时安置新生小猫的废弃纸板箱，以及在城市各处的绿地和棕地上建造的临时庇护所。与狗相比，猫对场所更为敏感（狗一般首先适应人），它们需要安全、可靠和温暖的空间来睡觉及抚养幼崽（无论幼崽是家养的还是野化的）。此外，与狗不同的是，尽管经过数千年的驯化，猫仍然保留了很多野外行为——真是天性顽固。训练猫要比训练狗困难得多，这是因为猫对人类的主要用途（捕食啮齿动物）并不需要猫的演化方向做出很大的改变。因此，猫需要的庇护所仍与它们的野外习性密切相关，无论是野生的、家养的，还是野化的猫，它们的后代——幼猫都是在窝里出生的。当然，这并不妨碍商业界对各种宠物猫产品的开发，但与研发犬类产品不同，猫产品往往是为了适应猫的独

d3 建筑工作室设计的"猫咪小巷"，2017 年

特行为而设计的。例如，零壹城市建筑事务所设计的 1.0 猫桌在木桌上开凿出空心空间，在让人们处理日常事务的同时，还可以满足猫咪的玩耍需求和好奇心。[20]

在某些特定的情况下，建筑师会对整个房间甚至整栋房屋进行改造，以同时满足猫和人类的需求。长期被关在室内的猫不仅必须适应较小的领地——通常比外出时小得多——还必须适应缺乏感官刺激的环境。2016 年，在线杂志 *Dezeen* 介绍了六座"猫咪友好型"房屋，这些房屋采用了一系列特色设计，包括架空走道、阶石搁架和猫咪专用通道，以减轻猫咪的压力。[21] 保坂猛建筑事务所为一对夫妇及其两只宠物猫设计了位于东京的"由内而外"住宅，尝试将室外的环

保坂猛建筑事务所设计的位于东京的"由内而外"住宅，2010 年

境引入，交还给被圈养的猫。[22] 房子由一系列全封闭的生活空间组成，周围是多孔的外墙：墙壁和屋顶都有开口，允许阳光、风和雨水进入，以满足宠物猫以及房屋中植物的需求。

猫主人通常很快就会承认他们与宠物之间的纠葛。事实上，有些人会对猫的所有权概念嗤之以鼻，因为这种动物是独立于人类的。猫被认为是高度自足和自信的动物，它们默默地追求着自己的目标；虽然人类无法感知这些目标，但它们的存在却显而易见。从历史上看，这些猫科动物的特征很容易与人类女性的气质联系在一起。正如男性评论家经常对他们所认为的女性空间越轨行为（尤其是在城市中）感到困扰一样，人们对猫的行为分析也经常以其领地性为中心，其中最生动的案例可能就是英国广播公司的系列纪录片《猫的秘密生活》（2012—2013 年）。在纪录片中，猫的路径地图显示了一个复杂但井然有序的网络，其中大部分猫的领地非常小（通常从它们各自的居住地向外延伸不到 100 米，在城市中则更小）。电视系列片还揭示了猫如何巡逻和保卫它们各自的领地。在地图上，我们看到了一个完全独立的猫科动物地理环境，在那里，人类强加的财产边界，如花园栅栏和围墙，完全被猫咪忽略了。[23] 事实上，对于猫来说，墙壁和屋顶根本不是界线，而是仅仅相当于我们的人行道和马路。每只猫都从自己的居住地向不同的方向移动，从而减少了与其他动物发生冲突的可能性，它们的集体领地图案就像一朵花的花瓣一样，而猫咪的移动路径就像翻绳游戏中两只手之间形成的线网。

在一些允许猫自由活动的城市，有一些帮助猫活动的设计发挥了重要作用。根据摄影师布里吉特·舒斯特的研究和记录，猫梯是一种类似脚手架的建筑，有坡道、台阶以及螺旋楼梯等不同形式，它们被固定在公寓楼的外墙上，方便宠物猫从家里走到楼下的街道上（反之亦然）。[24] 有些梯子是独立结构，由某位猫主人建造；还有很多梯子是相互连接的，有的梯子甚至横跨四五层楼。大多数猫梯都是在规划部门管辖范围之外的非正式扩建部分。[25] 舒斯特发现，瑞士伯尔尼的许多猫梯在建造方法上也是千差万别的，有些甚至值得列入《宠物建筑》一书；有些猫梯则以再利用的材料制作而成，将窗台、邮筒和树桩等现有特征融入临时建筑。舒斯特对瑞士猫梯的记录旨在激励其他城市建造猫咪友好型建筑，从猫的演化角度来看，这些建筑能帮助它们适应完全陌生的环境。

为城市里的猫进行设计，可以让人们关注如何与猫共享城市空间，即使这些猫是野猫。2016 年春季，在西班牙洛格罗尼奥举办了第二届"同心"建筑与设计节，该市的设计学院在里奥哈博物馆的院子里安装了一种街道设施，它也可以作为野猫的栖息地。[26] 这是由相互连接的开放式胶合板箱组

合而成的多层结构，其中一些箱子可作为猫的庇护所，另一些则可作为动物的进食或饮水点。与为"动物建筑师"宣传组织设计的收容所不同，这个设施并没有推广控制流浪动物

的特定方法；相反，它为当地居民提供了一种新的体验——与他们以前可能不曾注意到的其他动物共享城市空间的机会。通过简单地揭示野猫的存在，该项目对它们的身份提供了比"动物建筑师"项目更具开放性的解释。

这种开放性也体现在另外两座城市中，在那里，野猫与特定的地区产生了长期的联系。在 13 世纪的开罗，一位爱猫

在"同心"建筑与设计节，西班牙洛格罗尼奥的里奥哈设计学院创作了此装置，2016 年

的马穆鲁克苏丹建立了一座花园，用于收容和喂养流浪猫。该花园位于城北这位苏丹的清真寺附近，如今人们仍会带食物到这里喂养流浪猫，猫咪已经在这里聚集了近 800 年。[27]在另一种完全不同的城市环境——伦敦布鲁姆斯伯里区中心的菲茨罗伊广场，诗人 T. S. 艾略特发现了一群野猫，他受到启发，在战时创作了诗集《老负鼠的实用猫经》。艾略特的诗作是安德鲁·劳埃德·韦伯所创作的、在 1981 年上演的音乐剧《猫》的原型。从那时起，这部音乐剧就一直在伦敦和其他地方上演，并取得了巨大的成功（这也启发了 2019 年备受诟病的改编电影）。尽管伦敦与自由自在的猫科动物之间的联系仍在持续，但最初的物理联系已经消失——激发艾略特创作灵感的野猫早已被驱逐出市中心。

马

在城市里，你不太可能看到野马；与猫、狗相比，野马的体形过于庞大，而且它们自由散漫，除非有人看管，否则很难被接受。不过，你可能会在最不可能的地方看到拴着的马。2003 年，我在伦敦东南部泰晤士米德庄园附近散步时，看到一匹白色小马在庄园巨大水泥墙前的一小块草地上吃草。而在最近几部现实主义的电影中——包括《鱼缸》（2009 年，安德里亚·阿诺德执导）、《自私的巨人》（2013 年，克里奥·巴纳德执导）和《贫民区牛仔》（2021 年，瑞奇·斯陶布执导）——马被描绘为城市的守护神，象征着人们在压抑和贫瘠的城市环境中对自由的渴望（这三部电影中的城市环境分别是伦敦东部边缘、布拉德福德和费城）。

尽管如今马在城市中看起来很不协调，但它们曾经是城市中最常见的驯养动物。19 世纪，随着工业化进程，欧洲以及后来的北美城市迅速发展，马的数量也随之激增。在 20 世纪初机动车普及之前，马实际上是一种有生命的"机器"，马车承担着运载人员、货物和原材料的任务（类似于出租车、公共汽车和有轨电车），并拉载用于建设和维护城市基础设施的重型设备。例如，在 1897 年的伦敦，人口接近 630 万，有 11 490 辆拥有执照的马车在市内运营（当时只有 18 辆机动车），还有 3 500 多辆公共马车（每辆最多由三匹马拉动），以及数不清的其他马车和有轨公交车。生活在 19 世纪晚期伦敦的数十万匹马都需要在马厩进行饲喂，更不用说还有数百万吨的马粪被清理掉或堆积在街道上。[28] 19 世纪城市中的马厩，在英国一般建在被称为 mews（马房）的联排住宅后面，可通过小巷到达；在美国，马厩则建在房屋旁边或附近的小街上。另外，城市中还有一些专门的马厩建筑，人们可以来这里雇用马匹、骑手和马车，以及临时安置私人拥有的马匹。[29]

在维多利亚时代的城市中，马厩一般都是功能性的，这与之前的马厩建筑截然不同。从 15 世纪中叶开始，马厩建

马（和猫）在 20 世纪 20 年代建造的多层马厩中眺望圣保罗大教堂

筑开始具有明显的建筑特征，尤其是在文艺复兴时期的意大利，那里的权贵（世俗和宗教统治者，以及贵族家庭）试图通过宏伟的建筑项目来吸引人们对其人文主义价值观的关注。1506—1510 年，建筑师多纳托·布拉曼特为维泰博教皇宫设计了马厩。这座马厩有一座大型拱顶大厅，两侧有柱廊。安德烈亚·帕拉第奥在 15 世纪晚期建造的豪华乡村别墅通常包含了马厩，即有柱廊的功能性建筑。[30] 1532 年，欧洲第一所马术学校在那不勒斯成立后，马术风靡整个欧洲大陆，马厩的建筑风格也越来越突出，成为大型乡村庄园的重要组成部分。作为今天盛装舞步比赛的前身，马术表演实际上已成为欧洲通用的体育语言。马术提供了一种尊贵而普遍的贵族形象，不仅主张严格的人类等级制度，而且将马视为所有驯养动物中最受尊敬的动物。[31] 因此，有些马厩建筑与人类住宅的品质不相上下也就不足为奇了，其中有几个著名的新古典主义实例：儒勒·阿尔杜安-芒萨尔在凡尔赛建造的皇家马厩（1679—1682 年），该马厩被认为是有史以来最大的马舍；让·奥贝尔在尚蒂伊建造的大马厩（1721—1735 年）；由约翰·凡布鲁格爵士设计，建于布莱尼姆宫（1705—1722 年）的大型马厩。

布赖顿圆顶也许是马厩建筑中的杰出典范，虽然后来被改建，供人类使用，但保留至今。这座宫殿式的马厩建筑由威廉·波登在 1803—1808 年为威尔士亲王设计和建造，其装饰方案受到印度莫卧儿建筑的启发；另外，布赖顿圆顶那采用先进技术的木结构玻璃穹顶，是以巴黎谷物交易所为蓝本的——该交易所最初在 1766 年建成，并于 1783 年覆盖上了木制穹顶。布赖顿圆顶有 44 间马厩、5 间驿站和 2 间马具房，上层有 20 间卧室，供马夫、马童和养马人居住。马厩的一侧还建有一座马术训练馆，它用许多拱形窗户来采光。马厩长 53 米，宽 17 米，高 10 米，是英格兰同类建筑中最大的一座。马厩和马术训练馆都借鉴了印度-伊斯兰建筑风格——这种东方主义建筑风格随着大英帝国的兴盛而蓬勃发展起来。这些建筑物激发了更为奢华的建筑表达——布赖顿展览馆，它由约翰·纳什设计，于 1815—1822 年为亲王建造；与布赖顿展览馆相比，王子早先在布赖顿的住所显得相形见绌。

1823 年，马厩通过一条地下通道并入展览馆，这意味着人们可以在完全遮蔽的状态下骑马。[32] 1934 年，马厩的内部被改建成一座音乐厅，至今仍作为布赖顿圆顶音乐厅使用。

20 世纪，马在城市中不再是运输货物的牲畜，人们开始将拥有马匹作为一种休闲方式。许多马厩建筑与布赖顿圆顶一样，已被改作其他（人类）用途：有些马厩被改作私人住宅，更高级的马厩建筑通常被当作庄园内的文化遗产建筑。例如，一座位于大曼彻斯特邓纳姆梅西的马厩建于 18 世纪，如今归英国国民信托组织所有，里面还设有餐厅和卫生间，供游客使用。建筑评论家乔纳森·福伊尔在 2014 年撰文感叹当代马厩建筑缺乏建筑技巧，认为马厩质量的长期下降反映了欧洲国家现代化进程中社会价值观的变化。他特别指出，Equibuild 等专业设计公司提供了通用的设计——"没有美学主张或耐久性"，较为坚固的历史建筑被改建成公寓，而如今大多新式马厩的设计质量都无法与之相比。[33]

近期马厩建筑的复兴或许会让福伊尔感到振奋，2020 年出版的《马厩》一书就是最好的例证：这本书介绍了过去十年间建造的 25 座马厩。这些马厩位于乡村的私人庄园内，一般用于饲养价值不菲的赛马，这从它们的奢华程度便可见一斑。其中一座马厩建造于 2017 年，由拉莫斯建筑事务所为阿根廷马球明星纳乔·菲格拉斯设计和建造。马厩位于潘帕斯平原，设计体现了典型的水平主义风格，并融合了弗兰克·劳埃德·赖特的"草原风格"建筑和路德维希·密斯·凡德罗的高度现代主义风格。马厩里饲养了 44 匹马球马，还提供了马夫的住处。它那平坦的混凝土屋顶似乎直接从地面浮现出来——这种特别的设计方式令人印象深刻；屋顶上覆盖着草皮，也可作为马的扩展放牧区。[34] 另外，马蒂亚斯·泽格斯于 2018 年在智利首都圣地亚哥附近建造的 MS 骑术马厩建筑群与当地的乡土农业建筑完美融合：它有着简洁的木框架结构和门式刚架，沿屋脊线设有一扇引人注目的天窗，使建筑内有足够的自然光，让马夫全年都能在室内工作。[35] 这一特点也承认了马的健康价值，这是因为长期以来，光线充足、通风良好的马厩一直被认为是圈养马匹更快乐、更健康的标志。

在其他情况下，马与人类共享空间会引发更令人不安的感觉。扬尼斯·库内利斯的艺术作品《无题（12 匹马）》颇具争议，作品于 1969 年首次在罗马展出了几天，此后只展出过五次。这件作品是意大利贫穷艺术运动在 20 世纪 60 年代末至 70 年代初的代表性作品，它在一座经过翻新的地下车库（现为阿提卡画廊）中展出，展出的是 12 匹被拴在马厩里的活马。这件作品令人不安，是因为在非同寻常的城市环境中看到马，会模糊人与动物空间的界限。在最初的展览中，这件作品还间接反映了意大利战后经济快速增长的影响，当时有数百万人从农村地区迁移到都灵等工业城市。在这里，原

道格拉斯·福克斯·皮特绘制的布面油画《圆顶医院中的印度军队伤员》，布赖顿，1919 年

大曼彻斯特邓纳姆梅西的前马厩建筑，建于 18 世纪

本属于乡村的动物出现在城市中心，是对工业现代化宏大承诺的嘲讽。[36]

　　然而有时马进入我们的空间，却不会制造这种不安感。2014 年 12 月，一场剧烈的暴风雨袭击了德国北部，当地医生斯蒂芬妮·阿恩特邀请一匹名叫纳萨尔的马到她的农舍中避雨；几天后，这匹马变得非常习惯于室内生活，医生允许纳萨尔继续留在这里。摄影师卡斯滕·雷德为这种"跨物种共居"拍摄的照片显示，这只体形庞大的马完全占据了客厅，它看着窗外，甚至用鼻子敲打键盘。[37]雷德的照片让人联想到 1962—1966 年风靡一时的美国电视连续剧《艾德先生》，剧中有一匹会说话的马，它从事人类的工作，被饲养在车库里。在前文提到的电影《贫民区牛仔》中，一匹马长期居住在费城黑人聚居的内城区一个男人的破旧公寓里，最终与这个男人的问题少年儿子建立了一种治愈关系。在这两个例子中，一匹马住在房子里（这无疑会造成极大的混乱）的不协调感，却被一种跨物种联系的乐观感觉所抵消。

大卫·林奇在电影《双峰：与火同行》（1992 年）中对马匹和房屋进行了更加令人不安的描述。该影片是电视剧《双峰》（1990—1991 年）的前传，在两个令人难忘的场景中，命运多舛的少女劳拉·帕尔默的母亲突然看到一匹白马出现在卧室里。这匹马是死亡的预兆，它借鉴了《圣经·启示录》中象征死亡的灰色骏马。[38] 林奇将卧室和马融为一体，其动物主题的象征力量令人深感不安。从古希腊神话中的飞马帕伽索斯开始，白马就一直拥有人类的某些象征属性：帕伽索斯象征着超自然的天赋（马在天界和人间之间穿梭的能力）；在凯尔特神话中，马意味着强大的生殖力（马女神埃波娜）；在《圣经》中，马是死亡和正义的象征。[39] 马虽然早已被人类驯化，但仍然具有不可磨灭的野性。正如安娜·西维尔的小说《黑骏马》（1877 年）中主人公黑骏马所想的那样，被驯养的动物可能吃得很好，它的马厩明亮通风，主人和蔼体贴，但马总是渴望自由，却永远无法获得自由——正如它在文中所言，"除了有人需要我，否则我不会日夜站在马厩里"[40]。

牛

对印度教徒来说，牛是所有动物中最神圣的：卡玛德亨努是一位从原始乳海中诞生的母神。同时，公牛也因其生殖能力而备受尊崇，印度教主神湿婆在人间化身时常常以公牛的形象出现。这种对牛的崇拜，以及禁止杀牛的习俗，导致印度城市中生活着大量的牛：仅在新德里，就有约 40 000 头自由漫步的牛。[41] 研究员丽贝卡·惠跟踪了其中一些牛，她在头巾下绑了一台延时摄影机，记录下人类与动物个体的互动。她发现，在孟买和艾哈迈达巴德老城区的房屋外，建造了许多动物喂食站，牛可以以此为生；而在新城区，牛一般以垃圾或施舍物为食。在印度，牛享有崇高的地位，过马路时，行人会组成人墙保护牛，使其免受迎面而来的车辆的伤害。[42] 一些受宠的公牛甚至有自己的神庙：泰米尔纳德邦坦贾武尔、拉姆斯瓦兰和马哈拉巴里普兰的湿婆神庙中供奉的南迪（公牛）被视为神物。在北方邦的詹西，建于公元 1002 年的维什瓦纳特神庙至今仍供奉着一头大公牛。[43] 每年 11 月，印度全国各地都会过母牛节，祭祀克里希纳神和母牛；此时，印度城镇的街道上会有公牛游行，而母牛则在寺庙中接受清洗，并被人们用布匹和珠宝装饰起来，以期它们的主人得到神灵的保佑。[44]

牛偶尔也会被允许进入西方城市，例如参加西班牙潘普洛纳一年一度的奔牛节。这是一项有几个世纪历史的活动，在节日里，人们会尽可能地靠近一头狂暴的公牛。但在西方，牛的地位与印度城市中的牛截然不同。牛在这里是被驯化的动物，为人类的需求而服务：奶牛（产崽的母牛）被用于产奶，阉牛（被阉割的公牛）被作为食物来源，公牛（完整的公牛）被用来提供精子，偶尔有黄牛（同样是被阉割的公牛）会充当动力来源。此外，牛皮可制成皮革；从奶牛尸体中提取的脂肪酸则是各种产品的重要成分，这些产品包括鞋膏、蜡笔、地板蜡、人造黄油、除臭剂、洗涤剂、肥皂、香水、隔热材料、制冷剂和糖果。[45] 为牛搭建的建筑包括牛舍、牛棚、奶牛场、奶酪制作坊、制革厂、饲养场、牲畜围场、活

一头牛在印度乌达尔普尔自由漫步，2019 年

牛交易市场、屠宰场。[46]

　　就建筑的重要性而言，至少在 20 世纪之前，与乳制品工业相关的建筑一直是至关重要的。如今，在英国和美国，即使是用于挤奶的实用性建筑（现在已不再是挤奶女工的住所，而是用来放置挤奶机），仍被称为"挤奶厅"，奶农通常在此建筑中度过工作生涯中的大部分时间。在前几个世纪，奶牛场建筑通常是最奢华的农场建筑类型，在英国，从亨利·霍兰为第五代贝德福德公爵在贝德福德郡沃本建造的中式奶牛场（1787—1802 年），到阿尔伯特亲王在温莎城堡建造的装饰华丽的奶牛场（1848 年），不一而足。这些充满异国情调的奶牛场不仅反映了客户的崇高社会地位，也反映了乳制品本身的社会地位——在冷藏技术出现之前，乳制品通常被视为奢侈品。然而，这两座建筑的设计也以实用性为基础：中式奶牛场的有顶走道和八角形灯笼有利于通风（对冷却热牛奶来说至关重要），而温莎的华丽彩陶装饰则易于保持清洁。就后者而言，华丽的材料和异国情调的象征也将产品与购买者融为一体。用美国外交官埃利胡·伯里特的话说，皇家奶牛场的华丽装饰似乎将帝国君主与"大英帝国所有农民的妻子"联系在了一起，众多的白色大理石面盆"既有柔和的外观，又有香甜的口感"，这正是"皇家"牛奶本身的风味。[47]

　　20 世纪，随着冷藏技术的广泛应用和卫生法规的完善，加上生产的集中化以及对进口牛奶和奶酪的日益依赖，这些

温莎城堡里皇家奶牛场的剖面图，1848 年

有着奇特外观的乳制品建筑显得愈发冗余。从那时起，挤奶厅和奶酪制作设施褪去了象征性的装饰，转而追求严格的实用性，与马厩一样，这一趋势直到最近才开始转变。[48] 2015年，艾比·洛克菲勒继承了家族的悠久慈善传统，在纽约克拉弗拉克开设了教堂镇乳品厂。它最引人注目的地方是建筑师里克·安德森设计的一座巨大的圆形大厅，用于在冬季饲养奶牛。当奶牛在春天被放归牧场时，这座建筑又可以为人类使用：搭建好的混凝土房屋在草皮地面上形成一座有顶平台。自 2015 年以来，该建筑已成为社区空间、临时剧院和音

乐厅。为了强调环保健康，奶牛场实行"生物动力"耕作法：收集奶牛的粪便，堆肥后作为农业肥料回收利用。每年圣诞节，当地居民都会聚集在圆形大厅的阁楼上，为下面的奶牛唱圣诞颂歌——人们和奶牛欢聚一堂。[49]

教堂镇乳品厂等项目强调动物福利和社区参与，标志着农场建筑向以动物为中心的可喜转变。然而，也有人认为，慈善项目只会转移人们对乳制品和牛肉产业中残酷现实的关注——全球每年有15亿头牛被屠宰，供人类食用。人们还很容易遗忘，奶牛只有在产犊后才能产奶，此后的生活完全被人类掌控——无论它们被照顾得多么周到。如今，多数奶牛的产

纽约克拉弗拉克教堂镇乳品厂的内部，2015 年

奶量也远多于以往，正如安德烈娅·阿诺德的纪录片《奶牛》（2021 年）所揭示的那样，大多数奶牛在短短几年内就耗尽了自己的奶源。牛肉生产，尤其是全球快餐业的牛肉生产，更是远离大众的视线。珍妮弗·阿博特的《我餐桌上的一头牛》（1998 年）、理查德·林克莱特根据埃里克·施洛瑟的同名著作改编的《快餐国家》（2006 年）、基普·安德森和基根·库恩的《奶牛阴谋：永远不能说的秘密》（2014 年）都揭示了当前畜牧业的真相。一个多世纪前，厄普顿·辛克莱就在他的小说《丛林》（1906 年）中描述了芝加哥臭名昭著的畜牧场，他曾于 1904 年在那里工作了七周。牲畜围场是死亡的前厅，数以万计的牛被关在数不清的牛栏里。牛群被驱赶到 4.5 米宽的走道上，进入狭窄的滑道，受到电击的刺激后被挤进极小的围栏，然后被手持大锤的"敲击者"杀死。[50] 虽然后来杀牛的方法可能变得更加"人道"了，但死亡的步骤依然如故。屠宰场的存在只有一个目的，也只有这一个目的。对于大多数肉食者来说，它们残忍地提醒着人类对动物的无情屠杀。

对肉类行业的严厉曝光可能会让人们不再食用肉类，但鼓励人们与牛重新建立联系则是另一回事。来自芝加哥的设计师艾莉森·纽迈耶和斯图尔特·希克斯在"农田世界"项目中尝试了后者。作为 2011 年动物建筑奖的亚军之一，该项目建议在美国中西部建立规模化的农业旅游胜地，但不是按照"开放式"或"抚摸式"农场的模式，而是通过特定的方式，引发人们对当代农业中"人－动物－机器混合关系"的关注。[51] 在这个"畜牧版的迪士尼乐园"中，人类游客不仅可以与真实的动物接触，还可以与一系列从事农业工作的机器人、仿生机器或充气机器接触。农场里将有一个奶牛形状的巨型结构——奶牛联合收割机，它通过嘴巴把农作物收割到体内，然后农作物由一系列类似内脏器官的机器进行处理。如果有需要，人类操作员可以坐在这台超大型奶牛联合收割机的胸腔区域。正如建筑评论家杰夫·马诺所指出的那样，这个项目看似荒诞离奇，实际上却植根于当代农业的奇特现实。马诺引用了自己儿时的经历：他曾在威斯康星州农村的一座农场参观过一头牛，这头牛的体侧通过手术植入了一个窗口，使参观者可以看到这头牛在四个胃里消化食物的过程。[52]

艾莉森·纽迈耶和斯图尔特·希克斯设计的"农田世界"主题公园透视图，2011 年

人类与牛的机械化互动，当然有助于人们理解牛、人类和机器之间密不可分的关系，但这并不能使我们超越对牲畜的功利性认知。西班牙建筑师安东·加西亚·阿布里尔的项目"松露小屋"巧妙地颠覆了牛是人类"逆来顺受的仆人"和产品的观念。[53] 这栋房屋于 2010 年完工，在建造期间，一头名叫保利娜的奶牛"吃掉"了建筑内部空间，使其逐渐形成了引人注目的有机外观。项目开始时在地上挖了一个洞，挖出的土形成了挡土墙。然后干草捆被堆放在洞中，再浇筑混凝土，形成稳固的结构。整个结构从地里被挖出来，混凝土上凿了一个口子，让保利娜可以吃到里面的干草。一年后，当所有的干草都被吃光后，内部空间只剩下洞穴般的混凝土墙壁。屋内清理干净后摆上了极简风格的家具，保利娜以前的入口处安装了一扇玻璃窗。这栋房子的完工形态，几乎完整地保留了奶牛与建筑的历史联系。

松露小屋创造了介于自然与人工之间的模糊空间，使我们以一种更具有创造性的方式来看待奶牛，特别是从动物的主体性角度出发。虽然保利娜确实是在为人类服务，但对它来说，所做的这件工作要比被关在挤奶厅里更有意义。在这个挖掘而非建造的过程中，保利娜还挑战了将建筑作为材料集合体的传统观念：在"松露小屋"项目里，建筑是通过做减法形成的。这种最原始的建筑，是我们远古祖先所用技术的回归，他们在地上挖洞，或在大自然已有的缝隙中寻找庇护所。

安东·加西亚·阿布里尔的项目"松露小屋",在 2010 年完成时拍摄

猪

在人类的管制和饲养下，猪的命运似乎只有一种——被送往屠宰场。维克多·科萨科夫斯基执导的电影《贡达》（2021 年）的结尾部分，或许最能使人深刻体会到这一点。在短短 90 多分钟的时间里，一头被饲养的母猪与其十多只健壮的猪崽（以及鸡群和牛群）的生活，被一台摄影机拍摄下来，其特写镜头（带有与动物之间的亲密关系）展现了它们在猪圈里和在户外觅食的情景，以及猪崽的成长和发育过程。影片中仅有的关于人类的镜头是一辆拖拉机驶来，人将猪崽装进金属箱带走。猪崽消失后，母猪显然很伤心，它徒劳地寻找着失踪的家人，直到回到空荡荡的猪圈，悲伤的叫声才终于停止。影片最后的 15 分钟几乎令人崩溃，是对人类将猪仅仅视为食用"肉类单位"的毁灭性控诉。

《贡达》中的猪崽就这样消失了，它们的命运对于人类观众来说是显而易见的，对于它们的母亲来说却并非如此。就像其他最终要被人类消费的牲畜一样，生猪屠宰场的建筑也变得越来越隐蔽，只有在想让我们发现的时候才会显露出来。在 19 世纪，人们对屠宰场的态度截然不同：例如，辛辛那提从 19 世纪 50 年代起开发了著名的猪肉"拆解线"，成为一个旅游景点，游客们对其屠宰技术感到惊奇，这也是美国在开创合理化生产形式方面取得领先地位的标志。纽约中央公园的设计师弗雷德里克·劳·奥姆斯特德于 1857 年参观了辛辛那提的一家猪肉生产厂（当时那里有十几家猪肉生产厂），他描述说，"巨大的低矮房间"里躺满了死去的猪，它们正等待着被转移到"猪肉切割机上，在那里被加工成商品猪肉"。[54]

当厄普顿·辛克莱在《丛林》中描述芝加哥的猪肉加工厂时，人们的态度已经发生了变化。作为一群参观者当中的一员，辛克莱描述了一个狭长的房间——猪在这里被送去屠宰。这个房间里有一只"巨大的铁轮"，铁轮的两侧是狭窄的空间，"猪走到生命尽头时就会进入这里"。猪被拴在铁轮上吊起来，人们割破猪的喉咙。然后，每头猪的尸体都被分解成各种肉块，"除了尖叫声外的一切"都被利用起来。辛克莱用令人难忘的笔触，描写了伴随着这些大规模屠杀场面，猪群发出的连绵不绝的"可怕尖叫声"。辛克莱最后感叹，对这个"用机器和应用数学制造猪肉"的地方，人类缺失起码的同理心。[55]

《贡达》的结局也许令人心碎，但在影片的大部分时间里，猪的家庭生活才是中心，其中大部分镜头都集中在猪圈——用木材搭建，用稻草填充的家。在英国和爱尔兰，养猪的田地上一般都有半圆柱形的猪圈，为农场动物提供了尽可能实用的住所。不过，人们偶尔也会建造更精致的猪圈，与其他农用建筑（如禽舍、牛棚和奶牛场）一起使用。例如，在爱尔兰基尔代尔郡的拉奇尔庄园，普伦提斯家族（贵格会教徒）在 1740—1780 年建造了一座完整的浪漫主义园林农庄，其中包括饲养着山羊、鸭子和猪的城堡结构。[56] 在英格兰东北部罗宾汉湾附近的一座小山上，有一座微型"希腊神庙"，似乎是菲林庄园的地主约翰·沃伦·巴里为他饲养的两头大约克猪（又称大白猪）特别建造的。如今，这座建筑归地标信托基金所有，可作为一座别致的度假公寓来出租（租给人类）。[57] 与此同时，2015 年，威尔士一位富有进取心的农民将一座实用性更强的猪圈改建成了度假屋，这可以说是人类回归自然的一种新颖诠释。[58]

影片《贡达》（2021 年）中的场景：猪崽被带走后，母猪独自躺在猪圈中

19世纪晚期，约翰·沃伦·巴里在罗宾汉湾的菲林庄园里建造的猪圈

　　但是，如果人类决定与他们选择食用的动物一起生活，会是什么情况？这正是卡斯滕·霍勒和罗斯玛丽·特罗凯尔的装置作品《猪与人之家》意图表现的内容，该作品于1997年在卡塞尔文献展上展出。艺术家在一块玻璃后面搭建了一座猪圈，由于玻璃在猪的一侧反光，人类参观者可以在不打扰动物的情况下观看它们。作品的这个方面提醒着我们，尽管我们被动物所包围，但它们对我们来说仍然是陌生的，因为我们通常以绝对的人类中心主义方式来看待它们。[59] 不过，与《贡达》一样，这件装置作品也提醒人们注意人类自身的动物特质、情感和价值观——这些猪都拥有，我们却常常把它们当作被动的消费对象（无论是观看还是食用）。

在这两个作品中，人类通过为猪建造建筑，进入猪的生活，这标志着我们或许可以与它们分享对家庭空间的理解，无论这种理解是否以人类为中心。这可能源于小规模养猪业的悠久历史。小规模养猪业在北半球几乎已经消失，但在中国、越南和其他"发展中"国家的农村地区，养猪仍然是日常生活的一部分。早在19世纪，在伦敦和纽约等工业化城市中，猪是一种常见的动物，后来它们被卫生改革者视为令人深恶痛绝的"肮脏"动物，是对人类现代化议程的诅咒。亨利·梅休在19世纪中叶出版的《伦敦劳工与伦敦贫民》一书中，捕捉到了伦敦城市中的猪从日常生活里的动物变成"怪物"的瞬间。梅休在观察下水道工人和威胁他们的凶猛老鼠时，提到了一个"现存的奇怪传说……汉普斯特德附近的下水道里栖息着一群野猪"。这群野猪起源于一头怀孕的母猪，它不小心进入下水道，然后在那里生儿育女；这些猪在污水中找到了充足的食物。[60] 这个传说与维多利亚时代人们对城市地下潜伏着怪物的恐惧产生了共鸣，尤其是在城市快速变革的背景下，这种恐惧使梅休等中产阶级观察者产生了矛盾心理。一方面，在下水道里游荡的野猪让人联想到原始的过去，那时大自然在城市中发挥着真正的作用；另一方面，野猪又指向了现代化城市的未来，在那里，猪的丑陋更多地体现于它与污垢和疾病的负面联系。[61]

如今，北半球的城市中普遍没有养猪场，但城市农业的重要性与日俱增，特别是在后工业化城市中，棕地为未来的发展提供了新机遇。2000 年，荷兰建筑事务所 MVRDV 在一个早期项目中提出了 2021 年实现城市养猪业的激进愿景。该项目名为"猪城"，它设想通过建造一系列专门用于养猪和屠宰的超高层摩天大楼（622 米），在不占用大量土地的情况下发展有机养猪业。尽管"猪城"的城市养猪业解决方案看似天马行空，但它建立在详细的统计分析基础之上，重点是实现猪肉生产的闭环系统，即一切（食物、废弃物和水）都能被回收利用。"猪城"的塔楼将分布在荷兰的各个城市当中，聚集在港口周围，不仅能使养猪业成为荷兰当地一种引人注

MVRDV 的短片《猪城》剧照，该片于 2000 年发布

目的景观，而且会大大强化猪只是供人类消费的功利单位的观念。MVRDV 提出，76 座大楼将满足荷兰对猪肉的全部需求，也会满足其重要的出口市场——在 20 世纪 90 年代，荷兰约有 1 520 万头猪，它们分布在全国 29% 的土地上。[62]

美国科幻作家约翰·斯卡尔齐在其于 2009 年创作的短篇小说《利用一切，除了尖叫》中对 MVRDV 的项目进行了含蓄的文学诠释，这篇短篇小说是他主编的文集《未来之城》中的一篇作品。在反乌托邦式的未来，"新"圣路易斯是全世界数十个坚固城邦之一，坐落在那里的"猪塔"是这个聚居地实现零碳足迹的"良性"愿景的一部分。但这需要付出高昂的代价：闭环农业是城邦的一面镜子，"就像中世纪的堡垒一样封闭，只有少数几个入口，全部有人把守"。最终，猪塔被绝望的老圣路易斯居民攻破，他们偷走了猪的皮肤样本，以对猪的基因组进行测序，从而实现垂直农业技术的民主化。[63] 斯卡尔齐的故事赋予摩天养猪场鲜明的社会意义，挑战了 MVRDV 项目明显的技术倾向，表明农业的功能问题始终需立足于更广泛的社会背景。

养猪业的纯粹技术解决方案还存在一个核心问题，随着科学的进步，这个问题只会越来越严重。在猪身上推行效率导向型系统时，农民（以及消费者）确实获得了一定的自由，但对这些动物的控制和支配程度也随之不断增加。要打破这种循环，首先需要改变人类对猪的态度。摒弃了"猪城"的高科技炫技,《贡达》让我们回到了最基本的养猪业,即一座临时搭建的猪圈和远处泥泞的田野。影片的力量在于它利用最新技术(这里指的是高参数数码摄像机)消弭了人与猪之间的距离。粗野的猪圈使我们与之产生共鸣,猪被人性化了,就像我们自己在某种意义上被"猪化"了一样。这种跨物种的认同挑战了人类对猪的看法,母猪的家是一面镜子,它的家庭和我们的家庭一样珍贵。

鸡

本书所探讨的最后一种动物,正是被人类利用得最多的动物。全球每年约饲养 600 亿只肉鸡,这一数字还在持续快速增长,尤其是在中国和印度等工业化国家。当您读到本段末尾时,全球将有 60 000 只鸡被屠宰(每秒约 2 000 只)。在饲养场,鸡在完全人工化的环境中平均生活 42 天,巨大的鸡舍里挤满了数以万计的鸡,这些鸡是为了尽快增重而被专门培育的,从不到户外活动。平均而言,每只鸡的生活空间比一张 A4 纸还小,几乎不够它们活动,更不用说转身、抓挠或沙浴了(这些都是鸡的"自然"行为)。[64] 如今在这些工厂化系统中,鸡农与鸡的接触很少,饲养过程几乎完全机械化。蛋鸡所承受的痛苦丝毫不亚于公鸡,小母鸡在四个月大时就被转移到密集式养鸡场,在狭窄的笼子里度过余生,成千上万的笼子一字排开,层层垂直堆放。虽然有些国家已经禁止用层架式鸡笼饲养蛋鸡，但绝大多数鸡肉和鸡蛋仍然是通过工厂化养殖方式生产的，而消费者几乎看不到这种"监禁结构"。[65]

1994 年，美国艺术家道格·阿格完成了一幅巨大的无题油画，这幅画以毫不夸张的手法描绘了养鸡场内的生活，展示了层架式鸡笼里数不胜数的蛋鸡。在画作的前景部分，每只母鸡都被刻画得细致入微，而当我们的目光顺着透视线看向远处的消失点时，它们的特征也随之消失。阿格的这幅画与哈里顿·普什瓦格纳的图像小说《柔软之城》中人类被监禁的场景如出一辙，其灵感来自弗朗茨·卡夫卡的短篇小说《一条狗的研究》（1922 年），在这篇小说中，狗对自己的文化习俗进行了探究，尤其是狗到底以何为生。[66] 阿格画作的巨大尺寸（3.35 米 × 5.5 米）不仅放大了鸡在现代工厂系统中的恐怖形象，也使人们意识到工厂化、标准化养殖，以及战后规模化住房的单调重复。现代住宅也许并不像现代工厂化养殖场那样令人毛骨悚然，但阿格的画作令我们反思高层建筑设计的趋势最终将把我们带向何方，鉴于近年来超高层建筑的激增，这个问题放到现在可能比在 20 世纪 90 年代中期更加贴切。

工厂化系统在全球占主导地位，社会对鸡肉的需求仍在不断增长，这意味着"替代"养鸡业的支持者必须对实现系统性变革始终持乐观的态度。在一些地区，尤其是撒哈拉以南的非洲地区，小规模养鸡仍是常态，即使在博茨瓦纳的哈

道格·阿格的画作《无题》，1994 年

博罗内等城市地区也是如此，爱丽丝·霍沃卡对此进行了深入研究。[67] 在欧洲和北美的城市中，过去 20 年来，试图恢复当地食品买卖和促进"散养"家畜以供家庭和社区使用的运动不断发展。事实上，养鸡甚至出现在讽刺喜剧《波特兰迪亚》（2011 年）的第一集中，波特兰的两位时髦食客对他们要点的食物——科林鸡的"本地"资质进行了严格审查，他们甚至离开餐厅，去参观饲养科林鸡的农场。[68]

对于任何有意养鸡的人来说，最大的一笔开销就是养鸡所需的房屋——鸡舍。2003 年，为了迎合伦敦人对小规模养殖的新兴趣，皇家艺术学院的四名学生设计并建造了艾格鲁鸡舍。该鸡舍价格相对低廉,其构造包括一座成型的塑料鸡舍和一条附带的金属丝网跑道(2021 年,他们的公司欧姆莱特开始销售各种以艾格鲁为基础的鸡舍,以及用于其他家畜的结构和配件)。[69] 如今,为养鸡组织提供服务的媒体正在大力推销预制鸡舍,定期参观鸡舍会让潜在的养鸡者接触到各种实用或奢华的设计。在《宠物建筑》中,鸡舍与狗窝、猫窝并列,这一点也不奇怪:建筑师设计的鸡舍如今已成为小规模养鸡者的身份象征,就像某些狗主人定制的狗舍一样。这些高端鸡舍包括:诺格,一种视觉冲击力极强的蛋形木制

欧姆莱特公司设计的鸡舍

鸡舍；穆普，一种"为城市花园打造的现代时尚鸡舍"；杰曼，一种为室内设计的金属梯形鸡舍，旨在促进"鸡融入人类的日常生活"。[70]

还有一些建筑师致力于为工业化的规模养殖提供替代方案。2019 年，总部位于伊斯坦布尔的建筑事务所 So? 在土耳其东部农村地区的一座艺术家农场修建了一座可容纳 800 只鸡的模块化鸡舍。虽然这座鸡舍的规模远小于任何工厂化养殖场，但它的设计在散养和工业化养殖之间找到了一片中间地带。该设计采用简单、廉价的材料——橡木胶合板、氧化金属板和波纹金属屋顶——重新采用工厂化养殖场所使用的标准化组件，建造出对鸡和人类同样实用的鸡舍。鸡舍的内部空间由

So? 建筑事务所设计的位于土耳其农村的养鸡场，2019 年

相同的栖息托架组成，托架通向堆叠的木制巢箱，巢箱的内部空间交叉通风，有着充足的自然光线。[71] 同样，日本建筑师隈研吾为墨西哥的卡萨·瓦比基金会设计了鸡舍。鸡舍内部的照片显示，其结构类似于道格·阿格画作的缩小版，但更加人性化。隈研吾表示，其设计灵感来源于人类的集体住房项目：鸡舍的单个单元相当于动物的标准化住房，这植根于自主和平等的社会主义政治，而不是压迫性的统一。[72]

跨物种的方法也被应用于以教育为目的的鸡舍中。位于克罗地亚小镇拉科夫波托克的鸡之城家禽养殖场试图用零碳排放的方式生产鸡蛋，以此提高当地居民对生态友好型家禽养殖方法的认识。鸡之城的设计者为斯克罗兹建筑工作室，该工作室将鸡蛋生产的每一个环节都对公众开放，并在一条"公共"街道旁建造了一个鸡舍群，这条街道也被农场主用来喂鸡，以及维护和清洁鸡舍。建筑师为这里饲养的四个不同品种的鸡创造了不同"社区"，将鸡和人的空间结合在一起，以便使人类和禽类的社会生活直接建立联系。[73] 这样做的目的是让消费者重新审视被忽视的食物生产过程，并使人们对工厂化养殖的鸡的困境产生更多的同理心。

对动物的同理心也可以通过超越功利价值的思考来培养。在无数神话和传说中，鸡的主要产品——蛋，被视为创造和孵化的有力象征，蛋的形状是人类母亲子宫的缩影。几个世纪以来，鸡的身体也很让人类着迷，尤其是它们非

斯克罗兹建筑工作室设计的位于克罗地亚小镇拉科夫波托克的鸡之城养鸡基地，2018 年

凡的脚，让人联想到霸王龙的英姿，而鸡确实就是从恐龙演化而来的。也许正是鸡的利爪与远古的联系，使它们在有几百年历史的斯拉夫民间故事《芭芭雅嘎》中占据了中心位置。在这个故事中，俄罗斯一望无际的针叶林深处的一座奇怪房子里，住着一位拥有女巫般力量的老妇人，这座房子由四根超大的鸡腿支撑着，当芭芭雅嘎发怒时，房子就会旋转起来。在一些故事中，芭芭雅嘎吃掉了偶然发现小屋的孩子；而在另一些故事中，她会向遇到困难的人提供建议和安慰。有人认为，小屋的鸡腿支撑物源自斯拉

凯特·伯恩海默和安德鲁·伯恩海默构思的芭芭雅嘎房屋的剖面图，2011 年

夫治疗仪式，其中涉及母鸡和小鸡，这些动物在俄罗斯农村仍然很常见。例如，不断啼哭的婴儿可能会被带到家中的鸡舍，然后人们会请求鸡舍给婴儿"人的生活"而非"鸡的生活"，以此为婴儿助眠。[74]

2011 年，作家凯特·伯恩海默和她的建筑师兄弟安德鲁·伯恩海默策划了一系列作品，邀请设计师们在作品中探索童话和建筑之间的关系。伯恩海默姐弟自己的作品对芭芭雅嘎民间故事的中心——鸡舍做了当代诠释。在他们的思辨设计中，芭芭雅嘎的房子位于俄罗斯远东地区的一片森林空地上，也在前往海参崴机场的主要航线上。金属框架的房子被树皮包裹着，"就像鸡的腹部栖息在钢结构上"[75]。在这个民间故事的再现作品中，从头顶飞过的巨型喷气式飞机相当于骑扫帚的女巫。随着空气的流动，房子的上半部分会在一个内置的转盘上旋转。建筑师留下了一个开放性的问题：此建筑结构如何融入芭芭雅嘎故事的现代重述？

更离奇的是，2018 年，红迪网上发布了一张形似芭芭雅嘎真实住所的照片。照片中，在俄罗斯乡间的一个不详地点，有一座临时搭建的木屋，木屋建在四根看上去像鸡腿一样的树干上。这座建筑很可能是临时搭建的，目的是防止饥饿的动物进来觅食，但它与童话故事不谋而合，为这种实用性设计带来一种强大的"魔力"。实际上，这座"鸡形建筑"颠覆了动物建筑中传统的实用性含义，期望其他为家畜而建的建筑能够丰富而不是削弱我们人类对动物居民生活的理解。

尾　声

2020 年，《自然》期刊发表了一项惊人的研究，证实了"人类世"（即人类成为地球主导力量的新纪元）的到来。这项研究显示，人类制造的物质总量在历史上首次超过了所有生物体的质量（后者约为 1.1 万亿吨）。[1] 我们确实创造了一个人工环境，它日益威胁着我们通常称之为"自然"的存在。一方面，有人可能会说，这一发现只是加强了我们所制造的东西与人造世界所处的自然"环境"之间的界限。另一方面，这也是一个无可辩驳的证据，证明这两个世界不可避免地纠缠在一起。从消极的角度来看，我们建造的世界是以牺牲自然为代价的，而只有在自然遭到破坏时，我们才会重视自然。这就是"人类世"概念本身所固有的矛盾，尤其是对于那些决心抵制其破坏性的人来说。

本书试图将人类从所有事物的中心转移开来，同时也承认，这样做的想法来自我们对其他所有生命形态日益加强的主导地位。我们永远无法摆脱这种对立，但正如我在本书中所展示的，这种矛盾可以通过它所产生的张力而生发出丰富的创造力。通过向矛盾靠拢，可以开辟许多途径。本书的论点是，人类可能是唯一有能力想象其他生物如何生活的动物，这就是所谓的创造性移情。在人类与其他生物共存的世界中，想象力不应被视为理性思维的"装饰品"，而是需作为人类的根本特质加以珍视和培养。

通过"家"的概念，我们可以将本书探讨的大量主题汇集在一起。哲学家大卫·伍德从马丁·海德格尔的著作中汲取灵感，探讨了"居所"一词的含义，它远不止"依偎在巢穴中，外出觅食，然后回到相对安全的地方"这么简单。相反，居所"总是包含着距离"。[2] 伍德从维特鲁威那里得到启发，重新想象了人类最初学会建造的原始时代。在这里，他看到了建造房屋的核心矛盾，即以下两者之间的冲突：人类试图远离有威胁的事物（我们现在称之为自然），又在远离中产生了失落感——我们不可避免地与其他生命充满生机的世界脱节了。扩大我们与其他生命的想象性认同的最有效方法之一，就是认识到所有动物都在从事"家"的建造。没有一种生物不需要与它诞生于其中的环境分离，但同时又必须与之保持联系。事实上，环境本身就是冲突的产物：它是由无数次退让和无数次不可避免的其他纠缠造成的。

因此，回到第一章，想象一下蜘蛛来到我们的家中，是为了建造自己的居所。如果我们意识到蜘蛛和我们一样渴望安全的庇护所，那么也许我们会更愿意容忍它们，让它们成为我们的客人。进入第二章后，我们可能会发现一只椋鸟利用我们建筑的"缺陷"，在破损的瓦片下或屋檐间的缝隙中找到了安全的筑巢地点。从这个角度来看，我们通常认为是缺陷的事物实际上为其他动物筑巢创造了机会。当然，这对我们自身的幸福感来说并非没有代价，但这不正是我们能够检验自己对其他生物的福祉有多关心的时刻吗？进一步来说（正如第三章所做的那样），我们是否将继续断言某些动物是"害兽"，另外一些动物则非如此？一只老鼠在棚屋或堆肥下找到了自己的家又如何呢？我们可能会争辩说，消灭这样的"害兽"是合理的，但这正是对这一定义本身提出质疑的机会，从而让我们暂缓行动。为什么老鼠不可以和其他动物一样，拥有自己的家园呢？

当动物在水边或水里筑巢（第四章的主题）时，也许我们更容易接受它们，这是因为我们及我们的建筑通常与水相距甚远。但在这种情况下，人类倾向于仅按照自己的方式与这些动物建立联系：让海豚在水族馆表演，或者让牡蛎和河狸在不知情的情况下，成为人类对抗气候变化的代理人。正如约翰·C. 利利等科学家已经证明的那样，与水生动物共存不仅仅是尊重它们的智力，而是要认识到它们与我们之间的根本差异，即使我们只能借助拟人化的认同来理解它们。对于物种的同化，也许我们应承担更多的责任，比如，人在海豚身边生活，而不是让海豚在人身边生活，对人类来说意味着什么？

在最后一章中，我们谈论的是与我们相处得更加舒适的宠物。我们似乎必须与其他各种生命形态共享我们的家；即使对于那些不情愿的人来说，最常见的宠物（狗和猫）似乎也能够与人类相对快乐地共处。有些设计考虑了这些动物的需求，尽管呈现结果往往是以人为中心的。然而，即使是那些几乎与我们没有任何共同点的动物，如爬行动物、蜘蛛和其他带有"异国情调"的宠物，宠物主人也常常会相信可以与它们进行交流。与另一只动物共同生活，我们必然会发现这种动物迄今不为人知的特质，也许这个过程是相互的。人们很容易排斥宠物文化，认为它源于人类对控制的渴望，即完全按照自己的意愿与另一种生物建立关系。但动物不仅仅是商品，它们会以我们通常无法预见的方式反击。

将所有动物，以及将我们人类与它们联系在一起的，是一种共同的脆弱性。从根本上说，所有的动物在这个世界上既拥有家园，又居无定所。当然，有些动物比其他动物更颠沛流离。人类的主导地位既是我们自身傲慢的必然结果，也是一种远远超过其他任何动物的沉重责任；这是因为，人类与甲虫或大象不同，我们知道自己的所作所为。没有任何动物像人类一样，似乎可以在所谓的第六次大灭绝中幸免于难；如今，绝大多数动物的脆弱性是我们的行为造成的，而不是来自其他生物的行为。然而即便如此，我们仍然可以倾听、留意、关心和回应其他动物，在面对"末日浩劫"时，这无论如何也算是一种微不足道的收获。

就算我们知道自己对其他动物的痛苦负有责任，我们能感受到它们的痛苦吗？是的，只要我们能够承受——这无疑取决于个人选择。但我认为还不止这些。当我们与其他动物分享脆弱性时，我们就会明白，将我们与它们联系在一起的不仅仅是脆弱性，还有我们作为动物存在本身。例如，生物学家告诉我们，人体中的微生物比细胞还多，我们所谓充满生机的"人类"身体完全依赖于其他生命的繁荣，所有生命的繁荣都与其他生命息息相关。值得再次思考的是"环境"一词，它经常被用来描述人类建造的世界之外的一切事物。需要重申的是，环境只不过是在这个世界上建立家园的所有生物的总和，我们的环境与它们的环境之间没有界限。

那么，让我们回到伊恩·辛普森设计的曼彻斯特乌尔比斯大楼，把视线投向生长在钢化玻璃结构中金属铆钉橡胶垫片上的那片微不足道的苔藓。那一簇绿色很可能是大量微小的无脊椎动物的家园，其中最常见的有缓步动物、跳虫、线虫、螨虫和轮虫。这简直就是一个属于它自己的生命世界，但似乎与它赖以生长的橡胶和金属惰性表面格格不入。人们常说"生命总会找到出路"，这片不起眼的苔藓有力地证明了这一真理。如果我们驻足的时间足够长，试着想象一下这个微观世界，我们也会感受到这一真理所带来的非同寻常的威胁感。如果生命确实总能找到出路，那么我们试图在生命之外进行建造的努力就会注定毁灭。现在是时候了，我们应该停下来考虑一下，什么才是更健康的——更确切地说，什么才是更可持续的替代选择。

注　释

导言　重返大地

1　Vitruvius, *Ten Books of Architecture*, trans. Morris Hicky Morgan (Cambridge, MA, 1914), p. 38.

2　参见 Joseph Rykwert, *On Adam's House in Paradise: The Idea of the Primitive Hut in Architectural History* (Cambridge, MA, 1981)。

3　出处同上，p. 192。

4　参见 Marsh McLennan, "The Future of Construction: A Global Forecast for Construction to 2030 Issued in Partnership with Oxford Economics and Guy Carpenter", 2021, www.marsh.com。

5　Stephen Graham, *Vertical: The City from Satellites to Bunkers* (London, 2016), pp. 372-387.

6　Tim Ingold, *Correspondences* (Cambridge, 2021), p. 9.

7　出处同上，p. 107。

8　参见 www.insulatebritain.com, accessed 10 May 2022。

9　参见 Stephen Cairns and Jane M. Jacobs, *Buildings Must Die: A Perverse View of Architecture* (Cambridge, MA, 2014)。

10　参见 Rosi Braidotti, *The Posthuman* (Cambridge, 2013)，该书对后人文主义进行了理论综述，但没有考虑到新近出现的物导向本体论。

11　参见 Joseph Bedford, ed., *Is There an Object-Oriented Architecture? Engaging Graham Harman* (London, 2020)。如果希望阅读对物导向本体论的通俗介绍，参见 Graham Harman, *Object-Oriented Ontology: A New Theory of Everything* (London, 2018)。

12　Harman, *Object-Oriented Ontology*, pp. 61-102，以及 Timothy Morton, *Being Ecological* (London, 2018), pp. 33-35。

13　Timothy Morton, *Humankind: Solidarity with Nonhuman People* (London, 2019), p. 143.

14 出处同上，p. 144。

15 参见 Mike Hansell, *Built by Animals: The Natural History of Animal Architecture* (Oxford, 2009)。

16 出处同上，p. 60。

17 George Orwell, *Animal Farm* [1945] (London, 1971), p. 114.

18 Thomas Nagel, "What Is It Like to Be a Bat?", *Philosophical Review*, LXXXIII/4 (1974), pp. 435−450.

19 Ian Bogost, *Alien Phenomenology; or, What It's Like to Be a Thing* (Minneapolis, MN, 2012), pp. 62−65.

20 Jane Bennett, *Vibrant Matter: A Political Ecology of Things* (Durham, NC, 2000), p. 120.

21 J. M. Coetzee, *The Lives of Animals* (Princeton, NJ, 1999), pp. 33−35.

22 参见 Alex Thornton, "This Is How Many Animals We Eat Each Year", World Economic Forum, www.weforum.org, 8 February 2019。

23 参见 Michael Pawlyn, *Biomimicry in Architecture* (London, 2016), 以及 William Myers and Paola Antonelli, *Bio Design: Nature + Science + Creativity* (London, 2018)。

24 关于麻省理工学院的两座蚕丝展亭，参见 "Neri Oxman", MIT Media Lab, www.media.mit.edu。

25 Paul Dobraszczyk, *Future Cities: Architecture and the Imagination* (London, 2019), pp. 129−139.

26 Timothy Morton, *The Ecological Thought* (Cambridge, MA, 2010), p. 29.

27 Ingold, *Correspondences*, p. 200.

28 参见 www.expandedenvironment.org。

29 参见 Fritz Haeg, "Animal Estates", www.fritzhaeg.com, accessed 9 May 2022。

30 Jennifer Wolch, "Zoöpolis", in *Animal Geographies: Place, Politics, and Identity in the Nature-Culture Borderlands*, ed. Jennifer Wolch and Jody Emel (London, 1998), pp. 122−123.

31 Bennett, *Vibrant Matter*, p. 116.

第一章 微型世界

1 Karl Marx, *Capital* [1867] (London, 1930), pp. 169−170.

2 Tim Ingold, "The Architect and the Bee: Reflections on the Work of Animals and Men", *Man*, N.S., XVIII/1 (1983), p. 4.

3 对于这项研究的概述，参见 Tim Ireland and Simon Garnier, "Architecture, Space and Information in Constructions Built by Humans and Social Insects: A Conceptual Review", *Philosophical Transactions of the Royal Society B*, CCCLXXIII/1753 (2018)。

4 Richard Jones, *House Guests, House Pests: A Natural History of Animals in the Home* (London, 2015), pp. 216–275.

5 参见 Jussi Parikka, *Insect Media: An Archaeology of Animals and Technology* (Minneapolis, MN, 2010)。

6 Timothy Morton, *The Ecological Thought* (Cambridge, MA, 2010), p. 14.

7 Francisco Sánchez-Bayo and Kris A. G. Wyckhuys, "Worldwide Decline of the Entomofauna: A Review of Its Drivers", *Biological Conservation*, CCXXXII (2019), pp. 8–27.

8 参见 Jones, *House Guests*。

9 China Miéville, *Perdido Street Station* (London, 2000), pp. 255–256.

10 Franz Kafka, "Metamorphosis" [1915], in *Metamorphosis and Other Stories*, trans. Michael Hofmann (London, 2007), p. 73.

11 Adam Dodd, *Beetle* (London, 2016), pp. 15–16.

12 Lidija Grozdanic, "Vaulout & Dyèvre's Insectopia Installations Look Like Densely-Populated Bug Hotels", https://inhabitat.com, 8 August 2015.

13 参见 Fritz Haeg, "Animal Estates", www.fritzhaeg.com, accessed 9 May 2022。

14 出处同上。

15 Henrietta Rose-Innes, *Nineveh* (London, 2011), pp. 104–105.

16 参见 University of Stuttgart Institute for Computational Design and Construction, "ICD/ITKE Research Pavilion 2013–2014", 2014, www.icd.uni-stuttgart.de。

17 参见 Michael Pawlyn, *Biomimicry in Architecture* (London, 2016), pp. 62–65。

18 参见 Blaine Brownell, "Arachnid Architecture as Human Shelter", *Architect*, www.architectmagazine.com, 27 July 2015。

19 Katarzyna Michalski and Sergiusz Michalski, *Spider* (London, 2010), p. 7.

20 关于蛛网的结构，参见 William Eberhard, *Spider Webs: Behavior, Function and Evolution* (Chicago, IL, 2020)。

21 Ovid, *Metamorphoses*, Book 6.

22 Michalski and Michalski, *Spider*, p. 81，以及 pp. 93–94 对于蜘蛛与蛇蝎美人的论述。

23 Sir Tim Berners-Lee, British Computer Society's Lovelace Lecture, London, 13 March 2007, available at www.openobjects.org.uk, accessed 10 May 2022.

24 参见 Berthold Burkhardt, "Natural Structures: The Research of Frei Otto in Natural Sciences", *International Journal of Space Structures*, XXXI/1 (2016), pp. 9–15。

25 参见 Geoff Manaugh, "Architecture-by-Bee and Other Animal Printheads", www.bldgblog.com, 16 July 2014。

26 参见 Studio Tomás Saraceno, "Hybrid Webs", https://studiotomassaraceno.org。

27 参见 Kimberly Bradley, "With Spiders and Space Dust, Tomas Saraceno Takes Off", *New York Times*, 19 October 2018，以及 David Rothenberg, "Spider Music", *PAJ: A Journal of Performance and Art*, XL/1 (2018), pp. 31–36。

28 Wilson Tarbox, "Tomás Saraceno: How Spiders Build Their Webs", *Frieze*, www.frieze.com, 21 January 2019.

29 参见 Simon Sadler, *Archigram: Architecture Without Architecture* (Cambridge, MA, 2005), p. 88。

30 Italo Calvino, *Invisible Cities* [1972], trans. William Weaver (London, 1997), p. 67.

31 Ordinary Ltd, "Arachnia", available at http://cargocollective.com, accessed 10 May 2022.

32 Michalski and Michalski, *Spider*, pp. 44–53.

33 Karl Abrahams, "The Spider as a Dream Symbol", *International Journal of Psycho-Analysis*, 4 (1923), pp. 313–318.

34 John Wyndham, *Web* (London, 1979).

35 *Tape*, Museum of Science and Industry, Manchester, 2017；参见 Joe Roberts, "Behind the Scenes: Building Tape", 24 October 2017, https://blog. scienceandindustrymuseum.org.uk, accessed 10 May 2022。

36 关于《胶带》各种迭代作品的描述和图像，参见 www.numen.eu, accessed 10 May 2022。

37 Hannah Moore, "Are All the Ants as Heavy as All the Humans?", *BBC News*, www.bbc.co.uk, 22 September 2014.

38 Italo Calvino, "The Argentine Ant", *Esquire*, 1 October 1960, p. 154.

39 出处同上。

40 参见 Walter R. Tschinkel, "The Nest Architecture of the Florida Harvester Ant, *Pogonomyrmex badius*", *Journal of Insect Science*, IV/21 (2004), pp. 1–19。

41 影片 *Ants! Nature's Secret Power* (2004; dir. Wolfgang Thaler) 记录了挖掘蚁穴的过程。

42 Julian Gavaghan, "The Bug Society: Scientists Excavate Underground Ant City that 'Rivals the Great Wall of China' with a Labyrinth of Highways", *Mail Online*, www.dailymail.co.uk, 2 February 2012.

43 参见 Charlotte Sleigh, *Ant* (London, 2003), p. 34。

44 Israel Fernández, "What Have Ants Taught Architecture?", *Ferrovial*, https://ferrovial.com, 18 November 2016, accessed 10 May 2022.

45 Ed Yong, "Ants Write Architectural Plans into the Walls of Their Buildings", *National Geographic*, www.nationalgeographic.com, 18 January 2018.

46 "Learning from Ants", LYCS Architecture, http://lycs-arc.com.

47 "Urban Ant Farm: Colony Encouraged to Hack City of Glass and Sand", https://weburbanist.com.

48 Sleigh, *Ant*, p. 30.

49 出处同上，p. 111。

50 参见 Rafael Gómezbarros, *Casada Tomada* (*House Taken Over*), 2013。

51 关于蜂巢结构的种类，参见 Robert L. Jeanne, "The Adaptiveness of Social Wasp Nest Architecture", *Quarterly Review of Biology*, 30 (1975), pp. 267-287。

52 实验得到了设计及其他行业媒体的广泛报道，参见 "Outreach: Wasp Is Art", www.mattiamenchetti.com。

53 参见 Eric Bonabeau, Marco Dorigo and Guy Theraulaz, *Swarm Intelligence: From Natural to Artificial Systems* (New York, 1999)。

54 Philip Ball, "Bright Lights, Bug City", *New Scientist*, 27 February 2010.

55 关于建造小屋原型的短片，参见 WASP 团队的 "Gaia: 3D Printed Earth House with Crane WASP: Presentation Video", www.youtube.com。

56 参见 "3D Printing Architecture: TECLA", www.3dwasp.com，以及 Mario Cucinella Architects, "TECLA", www.mcarchitects.it。

57 Calvino, *Invisible Cities*, p. 115.

58 E. Lily Yu, "The Cartographer Wasps and the Anarchist Bees", *Clarkesworld*, 55 (April 2011).

59 Graham Harman, *Object-Oriented Ontology: A New Theory of Everything* (London, 2018), p. 88.

60 参见 Count Bubs, "An Abandoned Hornet's Nest My Dad Found in His Shed That He Hadn't Been in for a Couple Years", www.reddit.com, 23 April 2014, accessed 10 May 2022。

61 参见 Mike Hansell, *Built by Animals: The Natural History of Animal Architecture* (Oxford, 2007), p. 29。

62 Claire Preston, *Bee* (London, 2006), p. 7. 关于养蜂史，参见 Eva Crane, *The World History of Beekeeping and Honey Hunting* (Abingdon, 1999)。

63 兰斯特罗思在 1852 年为他的发明申请了专利，并在他那影响深远的著作 *Langstroth on the Hive and the Honey-Bee: A Bee Keeper's Manual* (Northampton, 1853) 中对其做了描述。

64 参见 Juan Antonio Ramírez, *The Beehive Metaphor: From Gaudi to Le Corbusier* (London, 2000), p. 31。

65 出处同上，p. 25。关于乡野建筑的论述，参见 Bernard Rudofsky, *Architecture Without Architects: A Short Introduction to Non-Pedigreed Architecture* (New York, 1964), pp. 94-98。

66 参见 "Bee Shelter History", *Hartpury Heritage Trust*, www.hartpuryheritage. org.uk。

67 Ned Doddington, "Hive City", www.expandedenvironment.com, 9 April 2012.

68 Raffaello Rosselli and Luigi Rosselli, "The Beehive", *Architizer*, https://architizer.com.

69 Elisabeth Schneyder, "A Beehive as a Model for Living", *UBM Magazine*, www.ubm-development.com.

70 "Honeycomb Refugee Skyscraper", *eVolo*, www.evolo.us, 28 July 2017.

71 Maurice Maeterlinck, *The Life of the Bee*, trans. Alfred Sutro (New York, 1903), p. 48. 类似的当代著作有 Laline Paull 的 *The Bees* (London, 2015)。

72 参见 Stephanie Strasnick, "Step Inside a Massive Beehive in London's Kew Gardens", *Architectural Digest*, www.architecturaldigest.com, 29 June 2016。

73 参见 Ramírez, *The Beehive Metaphor*, pp. 87–89。

74 Manaugh, "Architecture-by-Bee and Other Animal Printheads".

75 详细描述见 Charles Butler, *The Feminine Monarchie; or, The Historie of Bees* (London, 1609), pp. b2v–b3r。

76 引自 Colin Fernandez, "Termite Mound with Cathedral The Hisl Printhead", *Daily Mail*, 24 November 2017。

77 参见 Richard Dawkins, *The Extended Phenotype* (Oxford, 1982)。

78 关于完整的故事，参见 Fernandez, "Termite Mound with Cathedral's Dreaming Spires"。

79 参见 Lisa Margonelli, *Underbug: An Obsessive Tale of Termites and Technology* (London, 2019), p. 31。

80 参见 Scott Turner, *The Extended Organism: The Physiology of Animal-Built Structures* (Cambridge, MA, 2000), pp. 195–200。

81 Amia Srinivasan, "What Termites Can Teach Us", *New Yorker*, 17 September 2018.

82 参见 Lee Billings, "The Termite and the Architect", *Nautilus*, https://nautil.us, 8 December 2013。

83 Philip Ball, "For Sustainable Architecture, Think Bug", *New Scientist*, www.newscientist.com, 17 February 2010.

84 引自 Margonelli, *Underbug*, p. 251。

85 参见 Guy Theraulaz and Eric Bonabeau, "A Brief History of Stigmergy", *Artificial Life*, V/2 (1999), pp. 97–116。

86 参见 Self-Organizing Systems 研究小组拍摄的视频 "termes: Autonomous Robot Construction Crew", Wyss Institute, available at https://wyss.harvard.edu。

87 William Morton Wheeler, "The Ant-Colony as an Organism", *Journal of Morphology*, XXII/2 (1911), pp. 307–325.

88 Eugène Marais, *The Soul of the White Ant* [1936], trans. Winifred de Kok (Cape Town, 2006), p. 18.

89 引自 Margonelli, *Underbug*, p. 250。

90 Marais, *The Soul of the White Ant*, p. 42.

91 引自 Billings, "The Termite and the Architect"。

第二章　天际

1 Dillon Marsh, "Assimilation", www.dillonmarsh.com.

2 Gaston Bachelard, *The Poetics of Space* [1957], trans. Maria Jolas (Boston, MA, 1994), pp. 91–104.

3 对鸟巢的设计与建造的全面论述，参见 Peter Goodfellow and Mike Hansell, *Avian Architecture: How Birds Design, Engineer and Build* (Lewes, 2013)。

4 Mark Cocker, *Crow Country* (London, 2008), p. 12.

5 关于鸽子的相互冲突的联想，参见 Barbara Allen, *Pigeon* (London, 2009)。

6 关于中东、南亚和欧洲鸽舍的发展，参见 Peter Hansell and Jean Hansell, *A Dovecote Heritage* (Bath, 1992)。

7 关于英国鸽舍的完整历史，参见 Peter Hansell and Jean Hansell, *Doves and Dovecotes* (Bath, 1988)。

8 出处同上，p. 39。

9 出处同上，p. 225。

10 Allen, *Pigeon*, pp. 50–55.

11 Colin Jerolmack, *The Global Pigeon* (Chicago, IL, 2013).

12 Ned Dodington, "Interview: Carla Novak", www.expandedenvironment.org, 7 February 2012.

13 参见 "Racing Pigeons: Garbage City Hosts World's Oddest Pastime", https://weburbanist.com, 4 September 2014。

14 Gordan Savičić and Selena Savić, *Unpleasant Design* (London, 2016).

15 参见 Cara Giaimo, "What Pigeon Spikes Can Teach Us About People", *Atlas Obscura*, www.atlasobscura.com, 22 September 2017。

16 Jerolmack, *The Global Pigeon*, pp. 44–77.

17 Allen, *Pigeon*, pp. 59–60, 74–79.

18 Aranda/Lasch, "The Brooklyn Pigeon Project", http://arandalasch.com; see also David Gissen, *Subnature: Architecture's Other Environments* (Princeton, NJ, 2009), pp. 186–187.

19 S. A. Rogers, "Pigeons on Patrol: Birds with Backpacks Monitor London Air Pollution", https://weburbanist.com, 9 May 2016.

20 Stella Burney and Natsko Seki, *Architecture According to Pigeons* (London, 2013).

21 参见 Derek Ratcliffe, *The Peregrine Falcon* (London, 1980), pp. 64−66。

22 参见 Helen Macdonald, *Falcon* (London, 2006), pp. 136−144。

23 出处同上，pp. 31−32。

24 Robert Macfarlane, introduction to J. A. Baker, *The Peregrine* [1967] (New York, 2005), p. xiii.

25 出处同上，p. 35。

26 参见 Adam Kuby, "Cliff Dwelling", www.adamkuby.com。

27 Steve Hinchliffe and Sarah Whatmore, "Living Cities: Towards a Politics of Conviviality", *Science as Culture*, XV/2 (2006), p. 127.

28 对世界范围内猎鹰训练的最全面的调查是 Karl-Heinz German and Oliver Grimm, eds, *Raptor and Human: Falconry and Bird Symbolism Throughout the Millennia on a Global Scale* (Hamburg, 2014)。

29 Macdonald, *Falcon*, pp. 83, 97; Phillip Glasier, *Falconry and Hawking* (London, 1978) 依然是研究这一课题的关键著作。

30 Macdonald, *Falcon*, p. 180.

31 关于燕子和其他动物的象征意义，参见 Angela Turner, *Swallow* (London, 2015)。

32 参见 Stephen Moss, *The Swallow: A Biography* (London, 2020)。

33 Vitruvius, *Ten Books of Architecture*, trans. Morris Hicky Morgan (Cambridge, MA, 1914), p. 38. 另见 Jason Rhys Parry, 'Primal Weaving: Structure and Meaning in Language and Architecture', *SubStance*, XLVI/3 (2017), pp. 125−149。

34 Turner, *Swallow*, pp. 33−34.

35 参见 Deniz Onur Erman, "Bird Houses in Turkish Culture and Contemporary Applications", *Procedia: Social and Behavioral Sciences*, 122 (2014), pp. 306−311。

36 Helen Macdonald, "Nestboxes", in *Vesper Flights* (London, 2020), pp. 118−119.

37 参见 "Birdhouse by J. Warren Jacobs", *Pennsylvania Heritage*, http://paheritage. wpengine.com (Summer 2004)。

38 参见 "Purple Martin Capital of the Nation — Griggsville, IL", www.waymarking. com, 7 April 2017。

39 James Rennie, *The Architecture of Birds* (New York, 1844), p. 333.

40 Mary Douglas, *Purity and Danger: An Analysis of Concepts of Pollution and Taboo* [1966] (London, 2002).

41 Vincent Callebaut Architectures, "Swallowent Cal", https://vincent.callebaut. org.

42 Turner, *Swallow*, p. 146.

43 Paul D. Kyle and Georgean Z. Kyle, *Chimney Swifts: America's Mysterious Birds above the Fireplace* (College Station, TX, 2005).

44 Paul D. Kyle and Georgean Z. Kyle, *Chimney Swift Towers: New Habitats for America's Mysterious Birds* (College Station, TX, 2005).

45 David Lack and Andrew Lack, *Swifts in a Tower* [1956] (London, 2018).

46 出处同上，pp, 237-238。另见英国皇家鸟类保护协会发布于 2015 年的报告 Mark Eaton et al., "Birds of Conservation Concern 4: The Population Status of Birds in the UK, Channel Islands and Isle of Man", *British Birds*, 108 (2015), pp. 708-746。

47 参见 Something & Son, "S.W.I.F.T code", www.somethingandson.com。

48 Will Nash, "Swift Tower", 2020, www.willnash.co.uk.

49 参见 Menthol Architects, "Swift Tower", www.menthol.pl, 1 August 2015。

50 与安迪·梅利特的私人交流，2021 年 3 月 8 日。

51 Lack, *Swifts in a Tower*, p. 96.

52 参见 Giacomo Balla, *Swifts: Paths of Movement + Dynamic Sequences*, 1913, Museum of Modern Art, New York。

53 Helen Macdonald, "Vesper Flights", in *Vesper Flights* (London, 2020), pp. 136-144.

54 Mengying Xie, "Porous City", MSc thesis, Royal Institute of Technology, Stockholm, 2020.

55 Mark Cocker, *Crow Country* (London, 2008), pp. 115, 122, 132.

56 出处同上，pp. 65-66。

57 1851 年，狄更斯在创作《荒凉山庄》期间访问了圣吉尔斯。参见 Charles Dickens, "On Duty with Inspector Field", *Household Words*, 14 June 1851。

58 关于圣吉尔斯和伦敦其他地方贫民窟的历史，参见 Thomas Beames, *The Rookeries of London: Past, Present and Prospective* (London, 1850)。

59 参见 Pascal Tréguer, "History of 'Crow's Nest' (Lookout Platform on a Ship's Mast)", https://worldhistories.net, 16 August 2018。*Genesis* 8:6-7 讲述了这个圣经故事。

60 参见 "Survey of the Metropolis", *Illustrated London News*, 22 April 1848, p. 259，以及 "Ordnance Survey of London And Its Environs", 24 June 1848, p. 414。

61 参见 Paul Dobraszczyk, *Into the Belly of the Beast: Exploring London's Victorian Sewers* (Reading, 2009), pp. 24-25。

62 Boria Sax, *Crow* (London, 2017), p. 6.

63 参见 Llowarch Llowarch Architects, "Ravens Night Enclosures", www.llarchitects. co.uk。

64 参见 Paul Wilson, "Architecture at ZSL London Zoo, Regentng Lond", www.zsl.org。

65 Russell Hoban, "The Raven", in *The Moment Under the Moment* [London, 1992]；重印于 *A Russell Hoban Omnibus* (Bloomington, IN, 1999), pp. 743-749。

66　关于这首童谣的起源和它的电影改编，参见 Christopher Laws, "The Birds (1963): 'Risseldy Rosseldy'", *Culturedarm*, https://culturedarm.com。

67　参见 "Biography", https://katemccgwire.com。

68　相关叙述见 Lyanda Lynn Haupt, *Mozart's Starling* (London, 2017), pp. 54–56。

69　参见 C. J. Feare, *The Starling* (Princes Risborough, 1985)。

70　莫扎特的椋鸟的故事第一次被详细探讨，是在 Meredith West and Andrew P. Kind, "Mozart's Starling", *American Scientist*, LXXVIII/2 (1990), pp. 106–114。

71　Haupt, *Mozart's Starling*, pp. 82–94, 98.

72　Timothy Q. Gentner, Kimberly M. Fenn, Daniel Margoliash and Howard C. Nusbaum, "Recursive Syntactic Pattern Learning by Songbirds", *Nature*, CDXL/7088 (2006), pp. 1204–1207.

73　参见 Andrea Procaccini et al., "Propagating Waves in Starling, *Sturnus Vulgaris*, Flocks under Predation", *Animal Behaviour*, LXXXIV/4 (2011), pp. 759–765。

74　Seamus Perry, ed., *Samuel Taylor Coleridge: Collected Notebooks, a Selection* (Oxford, 2002), p. 39.

75　Andy Morris, "Educational Landscapes and the Environmental Entanglement of Humans and Non-Humans through the Starling Murmuration", *Geographical Journal*, CLXXXV/3 (2019), pp. 303–312.

76　Perry, ed., *Coleridge: Collected Notebooks*, p. 39；关于克龙比的图像，参见 Rosita Bolland, "Murmuration of Starlings: How Our Stunning Front-Page Photograph Was Taken", *Irish Times*, 4 March 2021。

77　对这项研究的精要总结，见 Andrew J. King and David J. T. Sumpter, "Murmurations", *Current Biology*, XXII/4 (2012), pp. 12–14。

78　Haupt, *Mozart's Starling*, pp. 232–235.

79　SO-IL, "Murmuration, Atlanta, Georgia, USA, 2021", http://so-il.org.

80　"Museum Musings: A Chat with Squidsoup", Scottsdale Center for the Performing Arts, https://smoca.org, 6 May 2020.

第三章　野生

1　参见 "The Urban Wild: Animals Take to the Streets Amid Lockdown — in Pictures", *The Guardian*, 22 April 2020。

2　参见 Frances Stonor Saunders, "Feral: Searching for Enchantment on the Frontiers of Rewilding by George Monbiot — Review", *The Guardian*, 24 May 2013。

3　Ivan Illich, *Tools for Conviviality* (London, 1973).

4　参见 Jon Adams and Edmund Ramsden, "Rat Cities and Beehive Worlds: Density and Design in the Modern City", *Comparative Studies in Society and History*, LIII/4

(2011), pp. 722−756。

5　Jonathan Burt, *Rat* (London, 2004).

6　参见 Jon Adams and Edmund Ramsden, "Escaping the Laboratory: The Rodent Experiments of John B. Calhoun and Their Cultural Influence", *Journal of Social History*, XLII/3 (2009), pp. 762−792；另见 John B. Calhoun, "Population Density and Social Pathology", *Scientific American*, CCVI/2 (1962), pp. 139−149。

7　Adams and Ramsden, "Rat Cities", pp. 736−737, 750.

8　Thomas Beames, *The Rookeries of London: Past, Present and Prospective* (London, 1850), pp. 26 −27; Charles Dickens, *Bleak House* [1852 −1853] (London, 2003), pp. 235−236.

9　这方面的经典著作是 Hans Zinsser, *Rats, Lice and History* (London, 1935)。

10　Burt, *Rat*, p. 13.

11　Henry Mayhew, *London Labour and the London Poor*, vol. III (London, 1851), p. 3.

12　出处同上，pp. 7−10。

13　Robert Sullivan, *Rats: Observations on the History & Habitat of the City's Most Unwanted Inhabitants* (New York, 2004), p. 12.

14　出处同上，p. 103。

15　Neil Gaiman, *Neverwhere* (London, 1996), p. 69.

16　关于鼠王，参见 Adrian Daub, "All Hail the Rat King", https://longreads.com, 11 December 2019。

17　China Miéville, *King Rat* (London, 1998), p. 338.

18　Roy Wagner, *Anthropology of the Subject: Holographic Worldview in New Guinea and Its Meaning and Significance for the World of Anthropology* (Berkeley, CA, 2001), pp. 136−137.

19　Tessa Laird, *Bat* (London, 2018), p. 74.

20　参见 Will Brooker, *Batman Unmasked: Analysing a Cultural Icon* (London, 2000)。Laird 带来了最新的蝙蝠侠故事，参见 *Bat*, pp. 103−105。

21　关于影视动画及视频游戏里蝙蝠洞的翔实汇编，参见 "Secret Entrances to the Batcave: Evolution (TV Shows, Movies and Games)", www.youtube.com。

22　参见 Jeremy Deller, "Bats", www.jeremydeller.org。

23　Charles A. Campbell, *Bats, Mosquitoes and Dollars* (Boston, MA, 1925).

24　出处同上，p. 91。Elisabeth D. Mering and Carol L. Chambers, 'Thinking Outside the Box: A Review of Artificial Roosts for Bats', *Wildlife Society Bulletin*, XXXVIII/4 (2014), p. 742.

25　参见 Asher Elbein, "Where to See the Most Historic Bat Roost in Texas", https://texashighways.com, 15 April 2019。

26 参见 Jeremy Deller, "Bat House", www.jeremydeller.org。

27 Rebecca Boyle, "Inside the World's First Manmade Batcave Built for Wild Bats", *Popular Science*, www.popsci.com, 14 September 2012.

28 参见 "South Congress Bridge Bats", www.batsinaustin.com。

29 参见 "Bat Observatory", Texas Architecture, https://soa.utexas.edu, March 2014。

30 "12. Bat Cloud", www.antsoftheprairie.com.

31 "10. Bat Tower", 出处同上。

32 Thomas Nagel, "What Is It Like to Be a Bat?", *Philosophical Review*, LXXXIV/4 (1974), pp. 435–450.

33 J. M. Coetzee, *The Lives of Animals* (Princeton, NJ, 1999), pp. 33, 35.

34 Richard Morecroft, *Raising Archie: The Story of Richard Morecroft and His Flying Bat* (East Roseville, NSW, 1991), pp. 58–61.

35 Laird, *Bat*, p. 146.

36 参见 Dorothy Yamamoto, *The Boundaries of the Human in Medieval English Literature* (Oxford, 2000), pp. 29, 60–74。

37 Martin Wallen, *Fox* (London, 2006), p. 50.

38 Ronald Nowak, *Walker's Carnivores of the World* (Baltimore, MD, 2005), p. 74.

39 "The Architecture of Burrows", Terrierman's Daily Dose, https://terriermandotcom.blogspot.com, 22 April 2005.

40 引自 Wallen, *Fox*, p. 17。

41 参见 "The Architecture of Burrows", 以及 Anthony J. Martin, *The Evolution Underground: Burrows, Bunkers, and the Marvelous Subterranean World Beneath Our Feet* (New York, 2017)。

42 Franz Kafka, "The Burrow" [1924], in *Metamorphosis and Other Stories* (London, 1999), pp. 129–166.

43 参见 Eric Paul Meljac, "The Poetics of Dwelling: A Consideration of Heidegger, Kafka, and Michael K", *Journal of Modern Literature*, XXXII/1 (2008), pp. 69–76。

44 J. M. Coetzee, *The Life and Times of Michael K* [1983] (London, 1998), pp. 114–115.

45 出处同上，pp. 101, 124。

46 Stephen Harris, Phil Baker and Guy Troughton, *Urban Foxes* (London, 2001).

47 参见 Angela Cassidy and Brett Mills, "'Fox Tots Attack Shock': Urban Foxes, Mass Media and Boundary-Breaching", *Environmental Communication*, VI/4 (2012), pp. 494–511。

48 Tim Dowling, "Is the Dog's Friendship with the Fox Sweet or a Bad Omen?", *The Guardian*, 10 April 2021.

49 Wallen, *Fox*, p. 56.

50 Angus M. Woodbury, "Study of Reptile Dens", *Herpetologica*, X/1 (1954), pp. 49–53.

51 Ned Dodington, "Interview: Prosthetic Lizard Homes", www. expandedenvironment. org, 29 February 2012.

52 2021 年 3 月 3 日作者在 www. amazon.co.uk 检索 "爬行动物窝" 得出的结果。

53 参见 Paul Demas, "Designing and Building a Vivarium", *Reptiles Magazine*, www. reptilesmagazine.com, 9 January 2013。

54 "History of the Reptile House", www.zsl.org, accessed 18 July 2022; "Conserving Architectural Heritage", https://nationalzoo.si.edu, accessed 18 July 2022; Gregorio Astengo, "White Whale: The Aquarium and Reptile House At the Turin Zoo and the Architecture of Enzo Venturelli (1955–1965)", *Architectural Histories*, VI/1 (2019), pp. 1–16; Jared Ranahan, "This Is the Largest Reptile Zoo in the World", *USA Today 10 Best*, www.10best.com, 2 September 2019.

55 J. G. Ballard, *The Drowned World* (London, 1962), p. 18.

56 参见 Joe Cain, "Why Benjamin Waterhouse Hawkins Created Crystal Palace Dinosaurs", https://profjoecain.net，以及 Alexandra Ault, "A Dinosaur Dinner and Relics from 'One of the Greatest Humbugs, Frauds and Absurdities Ever Known'", https://blogs.bl.uk, 16 June 216。

57 引自 Nathaniel Robert Walker, "Paleostructure: Biological, Spiritual, and Architectural Evolution at the Oxford Museum", in *Function and Fantasy: Iron Architecture in the Long Nineteenth Century*, ed. Paul Dobraszczyk and Peter Sealy (London, 2016), p. 61。

58 出处同上，p. 67。

59 Frank Lloyd Wright, *An Autobiography* (New York, 1943), p. 146.

60 参见 Philip Wilkinson, *Phantom Architecture* (London, 2017), pp. 50–55。

61 参见 Hubert Naudeix, Mathilde Bejanin and Matthieu Beauhaire, *L'Eléphant de Napoléon* (Paris, 2014)。

62 Victor Hugo, *Les Misérables* [1862] (London, 1988), pp. 822–823, 826.

63 "Le Grand Eléphant", *Les Machines de l'île Nantes*, www.lesmachines-nantes.fr.

64 关于 "大象露西" 的历史，参见 https://lucytheelephant.org。

65 Matt Hickman, "New Jersey's Most Famous Work of Novelty Architecture Is Now on Airbnb", *The Architect's Newspaper*, www.archpaper.com, 2 March 2020.

66 参见 https://lucytheelephant.org。

67 参见 Mark Haywood, "A Brief History of European Elephant Houses: From Londontheelephant.org. Oxford Museumzo of European Elephant Hou", available at www.academia.edu, accessed 12 May 2022。

68 参见 Ned Dodington, "Elephant House", www.expandedenvironment.org, 4 June 2009。

69 参见 Emily Hooper, "Kaeng Krachan Elephant Park Shell", *Architect Magazine*, www.architectmagazine.com, 27 October 2015。

70 关于设计团队对项目的诗意描述，参见 "Elephant Study Centre", http://bangkokprojectstudio.co。

71 数据引自 Dan Wylie, *Elephant* (London, 2008), pp. 139–140, 168。

72 引自 "Elephant Study Centre"。

73 Gottfried Semper, *The Four Elements of Architecture and Other Writings* [1851], trans. Harry Francis Mallgrave and Wolfgang Herrmann (Cambridge, 1989), pp. 226–227.

74 Fiona Anne Stewart, "The Evolution of Shelter: Ecology and Ethology of Chimpanzee Nest Building", PhD thesis, University of Cambridge, 2011, p. 1.

75 出处同上, pp. 1, 6–9。

76 出处同上, pp. xix, 2, 7。

77 Tim Ingold, "Of Blocks and Knots: Architecture as Weaving", *Architectural Review*, www.architectural-review.com, 25 October 2013. 另见 Ingold's book *Making: Anthropology, Archaeology, Art and Architecture* (London, 2013)。

78 关于各种猿类小说的概略，参见 John Sorenson, *Ape* (London, 2009), pp. 105–126。

79 关于《人猿星球》制作设计的详细说明，参见 "*Ape City* (East Coast)", https://planetoftheapes.fandom.com, accessed 12 May 2022。休伯纳为《人猿星球》所作的草图收录于 J. W. Rinzler, *The Making of* Planet of the Apes (2018)。

80 关于金刚的故事在 2005 年彼得·杰克逊翻拍之前的历史，参见 Cynthia Marie Erb, *Tracking King Kong: A Hollywood Icon in World Culture* (Detroit, MI, 2009)。

81 相关讨论参见 *Things Magazine*, www.thingsmagazine.net, 19 December 2005, accessed 12 May 2022。

第四章　水生

1 参见 Julia Watson, *Lo-tek: Design by Radical Indigenism* (Cologne, 2019), pp. 272–377。

2 引自 Rachel Poliquin, *Beaver* (London, 2015), p. 11。

3 Vitruvius, *Ten Books of Architecture*, p. 39.

4 出处同上, pp. 311–315。

5 Louise M. Pryke, *Turtle* (London, 2021), pp. 7–8, 15.

6 出处同上, pp. 11, 23–25。

7 参见 Aniv Shelef and Benny Bar-On, "Surface Protection in Bio-Shields via a Functional Soft Skin Layer: Lessons from the Turtle Shell", *Journal of the Mechanical Behavior of Biomedical Materials*, 73 (2017), pp. 68–75。

8 参见 Marc Dessauce, ed., *The Inflatable Moment: Pneumatics and Protest in '68*

(New York, 1999)。1968 年 3 月，乌托邦在巴黎举办的"充气建筑"展览中展示了充气建筑的潜力，该展览不仅展示了充气房屋的设计，还展示了从机器、工具到家具和车辆的各色物品。

9　参见 William Firebrace, "Learning from the Tortoise", https://drawingmatter.org, 9 August 2019。

10　出处同上。

11　Andy Knaggs, "Vietnamese Folklore Inspires Aquarium by Legacy Entertainment", *CLADnews*, www.cladglobal.com, 15 October 2019.

12　Pryke, *Turtle*, pp. 49－51, 68.

13　参见 Kenneth D. Rose, *One Nation Underground: The Fallout Shelter in American Culture* (New York, 2001), p. 128。

14　出处同上, pp. 152－153。

15　参见 "Ancient Chinese 'Turtle Town' Is a Tortoise-Shaped Fortress", http://petslady.com, 4 June 2019。

16　关于系列作品的情况，参见 Richard Rosenbaum, *Raise Some Shell: Teenage Mutant Ninja Turtles* (Toronto, 2014)，以及 Andrew Farago, *Teenage Mutant Ninja Turtles: The Ultimate Visual History* (San Rafael, CA, 2014)。

17　参见 David L. Pike, "Urban Nightmares and Future Visions: Life Beneath New York", *Wide Angle*, XX/4 (1998), pp. 9－50。

18　Q. V. Hough, "What to Expect from the Teenage Mutant Ninja Turtles Movie Reboot", https://screenrant.com, 1 September 2020.

19　参见 Rebecca Stott, *Oyster* (London, 2004)。关于特纳的项目，参见 "City Audio Services: Arts Projects", http://cityaudioservices.com。

20　参见 Karen Hardy et al., "Shellfishing and Shell Midden Construction in the Saloum Delta, Senegal", *Journal of Anthropological Archaeology*, 41 (2016), pp. 19－32。

21　Stott, *Oyster*, pp. 14－16.

22　关于 2010 年展览的详情，参见 "Inside/Out" blog posts, 3 November 2009－1 November 2010, www.moma.org；关于最初的"牡蛎构造"项目，参见 "Oyster-tecture", www.scapestudio.com。

23　关于牡蛎与纽约，参见 Mark Kurlansky, *The Big Oyster: A Molluscular History of New York* (London, 2007)。

24　关于"有生命的防波堤"项目的详情，参见 "Living Breakwaters: Design and Implementationect", www.sescapestudio.com。另见 Kate Orff, "Shellfish as Living Infrastructure", *Ecological Restoration*, XXXI/3 (2013), pp. 317－322。

25　关于该项目故事的记录，参见 episode 282 of Roman Mars's *99% Invisible* podcast, available at https://99percentinvisible.org。

26 2015 年，www.kickstarter.com 为"十亿牡蛎"项目的支持者描述了项目过程；Dameron Architecture, "Billion Oyster Project Headquarters", https://dameronarch.com。

27 Stephanie Wakefield and Bruce Braun, "Oystertecture: Infrastructure, Profanation, and the Sacred Figure of the Human", in *Infrastructure, Environment and Life in the Anthropocene*, ed. Kregg Hetherington (Durham, NC, 2018), pp. 193−215.

28 Gaston Bachelard, *The Poetics of Space* [1957], trans. Maria Jolas (Boston, MA, 1994), p. 123.

29 Edward Forbes, "Shell-fish: Their Ways and Works", *Westminster Review*, LVII (January 1852), pp. 44−45.

30 Francis Ponge, *Le Parti pris des choses* [Paris, 1942], trans. C. K. Williams and Wake Forest University Press (Winston-Salem, NC, 1994).

31 引自 Francis Ponge, *Selected Poems* (London, 1998), p. 26。

32 引自 Bachelard, *The Poetics of Space*, pp. 130−131。

33 出处同上，p. 132。

34 参见 Stott, *Oyster*, p. 27。

35 W. M., "On Some Remarkable Examples of Irregular Growth in the Oyster", *Illustrated London News*, 11 August 1855, p. 190.

36 Stott, *Oyster*, pp. 148−150.

37 关于头足类动物及其智力的演化，参见 Peter Godfrey-Smith, *Other Minds: The Octopus and the Evolution of Intelligent Life* (London, 2017)，以及 Sy Montgomery, *The Soul of an Octopus: A Surprising Exploration into the Wonder of Consciousness* (London, 2015)。

38 Godfrey-Smith, *Other Minds*, p. 48.

39 引自 Richard Schweid, *Octopus* (London, 2014), pp. 28−30。

40 Godfrey-Smith, *Other Minds*, p. 64.

41 Illustrated at Francesca Myman, Poulpe Pulps, https://francesca.net.

42 关于电影中的头足类动物，参见 William Brown and David H. Fleming, *Squid Cinema from Hell: Kinoteuthis Infernalis and the Emergence of Chthulumedia* (Edinburgh, 2020)。

43 关于克拉肯的神话，参见 Rodrigo B. Salvador and Barbara M. Tomotani, "The Kraken: When Myth Encounters Science", www.scielo.br, 2014。

44 关于章鱼的政治意象，参见 Dave Gilson, "Octopi Wall Street!", *Mother Jones*, www.motherjones.com, 6 October 2011，以及 "Victor Hugorjones.com, 6", https://vulgararmy.tumblr.com。

45 H. P. Lovecraft, "The Call of Cthulhu", *Weird Tales*, 11/2 [February 1928], pp. 159−178; repr. in *Collected Stories, vol. 1* (Ware, 2007), pp. 34−60. 关于洛夫

克拉夫特与建筑，参见 "The Corner of Lovecraft and Ballard", *Places*, https://placesjournal.org, June 2017。

46 关于"科迪亚克女王"号艺术暗礁的描述，参见 https://1beyondthereef.com。该网页还包含罗布·索伦蒂拍摄的纪录片《科迪亚克女王》（2018 年）的链接，该片讲述了该项目的建造和沉没过程。

47 关于项目的简短描述和照片，参见 Bethany Ao, "An Inflatable Sea Monster Takes Over the Navy Yard", *Philadelphia Enquirer*, 8 October 2018。

48 Alan Bauch, *Dolphin* (London, 2014), pp. 7–40.

49 参见 Diana Reiss, *The Dolphin in the Mirror: Exploring Dolphin Minds and Saving Dolphin Lives* (Boston, MA, 2011)。

50 Jeff VanderMeer, *Annihilation* (London, 2014), p. 97.

51 Bauch, *Dolphin*, pp. 79–82, 127–129.

52 利利的书包括 *Man and Dolphin* (Garden City, NY, 1961) 和 *The Mind of the Dolphin: A Nonhuman Intelligence* (Garden City, NY, 1967)。

53 参见 Christopher Riley, "The Dolphin Who Loved Me: The Nasa-Funded Project That Went Wrong", *The Guardian*, 8 June 2014。洛瓦特的经历被记录在影片 *The Girl Who Talked to Dolphins* (dir. Christopher Riley, 2014) 当中。

54 关于蚂蚁农场最全面的资料依然是 Constance M. Lewallen and Steve Seid, eds, *Ant Farm, 1968–1978* (Los Angeles, CA, 2004)。2004 年，伯克利艺术博物馆和加州大学太平洋电影资料馆举办了该团体的首次回顾展，该书随展出版。

55 参见 Tyler Survant, "Biological Borderlands: Ant Farmley Art Museum", *Horizonte*, 8 (2013), pp. 49–64, available at https://tylersurvant.com, accessed 10 May 2022。

56 出处同上。

57 参见 Paul Dobraszczyk, *Future Cities: Architecture and the Imagination* (London, 2019), pp. 51–65。

58 Lewallen and Seid, eds, *Ant Farm*, pp. 82–83.

59 关于海豚的精神意义，参见 Mette Bryld and Nina Lykke, *Cosmodolphins: Feminist Cultural Studies of Technology, Animals and the Sacred* (New York, 2000)。

60 参见 Stefan Linquist, "Todaye Stefan Linquist, Cultural Studi's Plexiglass Dinosaur: How Public Aquariums Contradict Their Conservation Mandate in Pursuit of Immersive Underwater Displays", in *The Art and Beyond: The Evolution of Zoo and Aquarium Conservation*, ed. Ben A. Minteer, Jane Maienschein and James P. Collins (Chicago, IL, 2018), pp. 329–343。

61 出处同上，pp. 342–343。

62 Tom Anstey, "U.S. National Aquarium Considers Retiring Dolphins to One-of-a-Kind Sanctuary", *Attractions Management*, 12 June 2014, www.attractionsmanagement.com.

63 参见 Peter Coates, *Salmon* (London, 2006), pp. 59−65。

64 "Purpose", https://salmonnation.net.

65 参见 Yongwook Seong, "Becoming Salmon", *Architect Magazine*, www. architectmagazine.com, 10 August 2019。

66 Christopher Dunagan, "New Seattle Seawall Improves Migratory Pathway for Young Salmon", www.eopugetsound.org, 9 June 2020.

67 "James Smith (1789−1850)", www.gracesguide.co.uk.

68 参见 Amy Kraft, "Upstream Battle: Fishes Shun Modern Dam Passages, Contributing to Population Declines", *Scientific American*, www.scientificamerican.com, 20 February 2013。

69 Coates, *Salmon*, pp. 95−96.

70 Anders Furuset, "Norway Unveils New Aquaculture Strategy, Seeks to Overhaul Wide Range of Regulations", www.intrafish.com, 8 July 2021.

71 Coates, *Salmon*, pp. 96−105.

72 参见 "Business Intelligence Report: Land-Based Salmon Farming: A Guide for Investors and Industry", www.intrafish.com, 17 October 2019。

73 Andy Knaggs, "Interactive Aquacentre Venue with 'Fish-Eye' Design Planned for Norway", *CLADnews*, www.cladglobal.com, 7 May 2019.

74 关于古往今来以鲑鱼皮做衣服的方法，参见 Hermann Ehrlich, *Biological Materials of Marine Origin: Vertebrates* (London, 2015), pp. 264−271。

75 Richard Dawkins, *The Extended Phenotype* [1982] (Oxford, 1999), pp. 304−306.

76 参见 Poliquin, *Beaver*, pp. 53−98, 126−134。

77 Lewis Henry Morgan, *The American Beaver and His Works* (Philadelphia, PA, 1868).

78 出处同上，p. 256。

79 参见 Irene Cheng, "The Beavers and the Bees: Intelligent Design and the Marvelous Architecture of Animals", *Cabinet*, 23 (2006), www. cabinetmagazine.org。

80 Bernard Rudofsky, *The Prodigious Builders* (New York, 1977), pp. 13, 57, 59.

81 Poliquin, *Beaver*, pp. 159−162.

82 "Grey Owl's Strange Quest" [1934], available to view at www.youtube.com.

83 参见 Stacy Passmore, "Landscape with Beavers", *Places*, https://placesjournal. org, July 2019。

84 参见 "Brutalist Beaver Constructs Paul Rudolph-Inspired Dam", *The Onion*, www. theonion.com, 29 March 2019。

85 Poliquin, *Beaver*, p. 184.

86 参见 Thomas Hynes, "The Boogie Down Beavers of NYC's Bronx River", *Untapped New York*, https://untappedcities.com, 10 May 2021。

87　"No Design on Stolen Land", https://nodesignonstolen.land.

88　Passmore, "Landscape with Beavers".

89　参见 Poliquin, *Beaver*, pp. 123－125。

第五章　家养

1　Jessica Glenza, "Shakira Says Two Wild Boars Attacked Her in Barcelona Park", *The Guardian*, 30 September 2021.

2　Bernhard Warner, "Boar Wars: How Wild Hogs Are Trashing European Cities", *The Guardian*, 30 July 2019.

3　Angela Giuffrida, "Rome Residents Impose Curfew After Spate of Wild Boar Attacks", *The Guardian*, 3 May 2022.

4　参见 John Bradshaw, *In Defence of Dogs* (London, 2012), pp. 31－46。

5　Donna J. Haraway, *When Species Meet* (Minneapolis, MN, 2007).

6　Bradshaw, *In Defence of Dogs*, p. 35.

7　参见 Tom Wainwright, *Pet-tecture* (London, 2018)。"犬类建筑"是肯尼亚·哈拉从 2012 年开始在不同地点策划的巡回展览，最后一次展览在伦敦的日本之家举行，时间是 2020 年 9 月 19 日至 2021 年 1 月 10 日；若要虚拟观展，参见 "Architecture for Dogs", *Japan House*, www.japanhouselondon.uk, accessed 13 May 2022。另见 "Dogchitecture Expo in Mexico City", *Bunker Arquitectura*, www.bunkerarquitectura.com。

8　Wainwright, *Pet-tecture*, pp. 43－44.

9　出处同上，pp. 92－93。

10　出处同上，p. 7。根据 Wainwright 的数据，2016 年，仅在美国，宠物行业的经济规模估计就达到 667.5 亿美元，英国的比例也差不多。

11　拉姆的视频作品在以下展览展出：*Bêtes Off,* exh. cat., ed. Claude d'Anthenaise, Conciergerie, Paris, January－March 2012。

12　参见 John Plaw, *Ferme Ornée; or, Rural Improvements* (London, 1823), Plate IX。

13　关于英国从 18 世纪和 19 世纪保留至今的犬舍案例的图像，参见 Lucinda Lambton's *Palaces for Pigs: Animal Architecture and Other Beastly Buildings* (Swindon, 2011), pp. 64－73。

14　出处同上，pp. 68－69。

15　Sandra Kaji-O'Grady, "Architecture and the Interspecies Collective: Dog and Human Associates at Mars", *Architecture and Culture*, IX/4 (2020), pp. 569－586.

16　参见 Maria Laken, "UK's Stray Dog Numbers Decrease but More Needs Doing", *Dogs Today*, https://dogstodaymagazine.co.uk, 26 November 2018。

17　参见 Rebecca F. Wisch, "Detailed Discussion of State Cat Laws", Animal Legal and

Historical Center, Michigan State University College of Law, www.animallaw.info, 2005。

18 参见 John Bradshaw, *Cat Sense* (London, 2013), p. 243。另见 "U.S. Pet Ownership Statistics", *American Veterinary Medical Association*, www.avma.org, based on statistics for 2017–2018。

19 Wainwright, *Pet-tecture*, p. 81.

20 出处同上，pp. 46, 96–97。

21 Eleanor Gibson, "Six Houses Designed as Playgrounds for Cats", *Dezeen*, www.dezeen.com, 22 November 2016.

22 Rose Etherington, "Inside Out by Takeshi Hosaka Architects", *Dezeen*, www.dezeen.com, 31 March 2011.

23 参见 "Secret Life of the Cat: The Science of Tracking Our Pets", www.bbc.co.uk, 12 June 2013。

24 参见 Brigitte Schuster, *Architektur für die Katz/Arcatecture: Schweizer Katzenleitern/ Swiss Cat Ladders* (Basel and Bern, 2019)。

25 出处同上。另见 Kurt Kohlstedt, "Swiss Cat Ladders: Documenting and Deconstructing Feline-Friendly Infrastucture", https://99percentinvisible.org, 25 September 2020。

26 参见 "The Fragmented Courtyard: Architecture for Cats", https://concentrico.es, 2016。

27 参见 Edward William Lane and Edward Stanley Poole, *An Account of the Manners and Customs of the Modern Egyptians* (London, 1871), vol. I, p. 362。

28 参见 T. C. Barker and Michael Robbins, *A History of London Transport: Passenger Travel and the Development of the Metropolis* (London, 1963)。关于马车，参见 Trevor May, *Gondolas and Growlers: The History of the London Horse Cab* (Stroud, 1995)。关于伦敦的公共车辆，参见 "From Omnibus to Ecobus: A Social History of Londonorse Cab elopment of the Metro", formerly available at www.ltmuseum.co.uk, and now at https://web.archive.org, accessed 13 May 2022。

29 Victor Deupi, Introduction to Oscar Riera Ojeda and Victor Deupi, *Stables: High Design for Horse and Home* (New York, 2020), p. 11.

30 出处同上，p. 10。

31 参见 Elaine Walker, *Horse* (London, 2008), pp. 94–100。

32 参见 Geoffrey Tyack, "A Pantheon for Horses: The Prince Regent's Dome and Stables at Brighton", *Architectural History*, LVIII (2015), pp. 141–158。

33 Jonathan Foyle, "Equine Architecture and the Era of Stables as Grand Monuments", *Financial Times*, 25 July 2014.

34 Ojeda and Deupi, *Stables*, pp. 50–62. Keith Warth, *Design Handbook for Stables and Equestrian Buildings* (London, 2014) 提供了一种更实用的方法。

35 Ojeda and Deupi, *Stables*, pp. 154–162.

36　参见 Penelope Smart, "Twelve Live Horses", https://medium.com, 24 November 2019。

37　"Horse Lives in House Like a Normal Person", HuffPost, www.huffpost.com, February 2014.

38　Revelation 6:8, New King James Version.

39　参见 Walker, *Horse*, pp. 21-63。

40　Anna Sewell, *Black Beauty* [1877] (Ware, 1993), p. 39.

41　Govindasamy Agoramoorthy and Minna J. Hsu, "The Significance of Cows in Indian Society Between Sacredness and Economy", *Anthropological Notebooks*, XVIII/3 (2012), pp. 5-12.

42　Rebecca Hui, "Mooving Along: Following Cows in Changing Indian Cities", *Tekton*, II/1 (2015), pp. 8-24.

43　Agoramoorthy and Hsu, "The Significance of Cows", p. 7.

44　参见 Hannah Velten, *Cow* (London, 2007), pp. 74-75。

45　出处同上，p. 158。

46　关于英国的建筑物类型，参见 Jeremy Lake and Paul Adams, "National Farm Building Types", 2 October 2014, available at https://historicengland. org.uk, accessed 13 May 2022。

47　引自 Lambton, *Palaces for Pigs*, p. 124。

48　参见 Daniel P. Gregory, *The New Farm: Contemporary Rural Architecture* (Princeton, NJ, 2020)。

49　参见 Abby Luby, "Churchdown Dairy, a Castle for Cows", *Edible Hudson Valley*, https://ediblehudsonvalley.ediblecommunities.com, 15 June 2016。

50　Upton Sinclair, *The Jungle* (New York, 1906), pp. 44-46.

51　参见 Design With Company, "Farmland World", www.designwith.co。

52　Geoff Manaugh, "Farmland World", www.bldgblog.com, 22 August 2011.

53　关于该项目的信息（包括一部短片），参见 Ensamble Studio, "The Truffle: Costa da Morte, 2010", www.ensamble.info。

54　引自 Brett Mizelle, *Pig* (London, 2011), p. 48。

55　Sinclair, *The Jungle*, pp. 39-41.

56　Lambton, *Palaces for Pigs*, pp. 100-102.

57　参见 "The Pigsty, Robin Hood's Bay", *The Landmark Trust*, www. landmarktrust. org.uk, accessed 13 May 2022。

58　参见 Ian Belcher, "Your Room's a Pigsty", *Sunday Times*, 21 June 2015。

59　引自 Daniel Birnbaum, "Mice and Man: The Art of Carsten Höller and Rosemarie Trockel", *Artforum*, XXXIX/6 (2001), pp. 114-119。

60　Henry Mayhew, *London Labour and the London Poor*, vol. II (London, 1851), pp. 154–155. Thomas Boyle, *Black Swine in the Sewers of Hampstead: Beneath the Surface of Victorian Sensationalism* (London, 1990) 也讨论了这个传说与维多利亚时代的"耸人听闻"文化的关联。

61 参见 Peter Stallybrass and Allon White, *The Politics and Poetics of Transgression* (Ithaca, NY, 1986), pp. 48–50。

62 参见 MVRDV, "Pig-City", www.mvrdv.nl。MVRDV 为该项目制作的短片见 Sara Marzullo, "Pig City: The Economy of Meat", www.architectureplayer.com, accessed 13 May 2022。

63 John Scalzi, "Utere nihil non extra quiritationem suis", in *Metatropolis*, ed. John Scalzi (New York, 2009), pp. 174–230.

64 参见 "10 Things You Should Know About Factory-Farmed Meat Chickens", www. worldanimalprotection.org.uk, 11 January 2019。

65 参见 Annie Potts, *Chicken* (London, 2012), pp. 158–163。

66 参见 Mary Abbe, "Doug Argue: Big Picture", *ARTNEWS*, XCIV/1 (1995), p. 95。

67 Alice Hovorka, "Transspecies Urban Theory: Chickens in an African City", *Cultural Geographies*, XV/1 (2008), pp. 95–117.

68 更具有学术性的研究是 Jennifer Blecha and Helga Leitner, "Reimagining the Food System, the Economy, and Urban Life: New Urban Chicken-Keepers in U.S. Cities", *Urban Geography*, XXXV/1 (2014), pp. 86–108。

69 Omlet 公司的起源，参见 www.omlet.co.uk。

70 参见 Wainwright, *Pet-tecture*, pp. 104, 157, 159。

71 India Block, "So? Builds Modular House of Chickens on a Farm in Turkey", *Dezeen*, www.dezeen.com, 26 February 2019.

72 Bridget Cogley, "Kengo Kuma Builds Blackened-Wood Chicken Coop at Casa Wabi Artist Retreat", *Dezeen*, www.dezeen.com, 20 June 2020.

73 参见 "Chickenville, a Chickenne 2020. Chicken Coop at Casa Wabi Artist Ret", https://archis.org, 5 December 2018。

74 参见 Potts, *Chicken*, p. 87。

75 参见 Kate Bernheimer and Andrew Bernheimer, "Fairy Tale Architecture: The House on Chicken Feet", *Places*, https://placesjournal.org, December 2011。

尾声

1 Emily Elhacham et al., "Global Human-Made Mass Exceeds All Living Biomass", *Nature*, 588 (2020), pp. 442–444.

2 David Wood, *Thinking Plant Animal Human: Encounters with Communities of Difference* (Minneapolis, MN, 2020), p. 6.

扩展阅读

Adams, Jon, and Edmund Ramsden, "Rat Cities and Beehive Worlds: Density and Design in the Modern City", *Comparative Studies in Society and History*, LIII/4 (2011), pp. 722–756.

Ball, Philip, "Bright Lights, Bug City", *New Scientist*, 27 February 2010.

Baratay, Eric, and Elisabeth Hardouin-Fugier, *Zoo: A History of Zoological Gardens in the West* (London, 2004).

Bogost, Ian, *Alien Phenomenology; or, What It's Like to Be a Thing* (Minneapolis, MN, 2012).

Cheng, Irene, "The Beavers and the Bees: Intelligent Design and the Marvelous Architecture of Animals", *Cabinet*, 23 (2006), www.cabinetmagazine.org.

The Expanded Environment, www.expandedenvironment.org.

Firebrace, William, "Learning from the Tortoise", https://drawingmatter.org, 9 August 2019.

Gissen, David, *Subnature: Architecture's Other Environments* (Princeton, NJ, 2009).

Gunnell, Kelly, Brian Murphy and Carol Williams, *Designing for Biodiversity: A Technical Guide for New and Existing Buildings* (London, 2013).

Haeg, Fritz, "Animal Estates", www.fritzhaeg.com.

Hansell, Mike, *Built by Animals: The Natural History of Animal Architecture* (Oxford, 2007).

Haraway, Donna, *The Companion Species Manifesto: Dogs, People, and Significant Otherness* (Chicago, IL, 2003).

Hwang, Joyce, www.antsoftheprairie.com.

——, "Toward an Architecture for Urban Wildlife Advocacy", *Biophilic Cities*, I/2 (2017), pp. 24–31.

Ingold, Tim, "Of Blocks and Knots: Architecture as Weaving", *Architectural Review* 25 October 2013, pp. 26–27.

——, *Correspondences* (Cambridge, 2020).

Lambton, Lucinda, *Palaces for Pigs: Animal Architecture and Other Beastly Buildings* (Swindon, 2011).

"LA+Creature: Winning Designs", LA+ [*Landscape Architecture Plus*], https://laplusjournal.com, 2020.

Manaugh, Geoff, and John Becker, "Architecture-by-Bee and Other Animal Printheads", www.bldgblog.com, 16 July 2014.

Morton, Timothy, *The Ecological Thought* (Cambridge, MA, 2010).

Passmore, Stacy, "Landscape with Beavers", *Places*, https://placesjournal.org, July 2019.

Philo, Chris, and Chris Wilbert, *Animal Spaces, Beastly Places* (Abingdon, 2000).

Rhys Parry, Jason, "Primal Weaving: Structure and Meaning in Language and Architecture", *SubStance*, XLVI/3 (2017), pp. 125 – 149.

Rykwert, Joseph, *On Adam's House in Paradise* (Cambridge, MA, 1997).

Smith, Nancy, Shaowen Bardzell and Jeffrey Bardzell, "Designing for Cohabitation; Naturecultures, Hybrids, and Decentering the Human in Design", *Proceedings of the CHI Conference on Human Factors in Computing Systems: Denver, CO, 6 – 11 May 2017*, pp. 1714 – 1726.

Survant, Tyler, "Biological Borderlands: Ant Farm's Zoopolitics", *Horizonte*, 8 (2013), pp. 49 – 64.

Wainwright, Tom, *Pet-tecture: Design for Pets* (London, 2018).

Wakefield, Stephanie, and Bruce Braun, "Oystertecture: Infrastructure, Profanation and the Sacred Figure of the Human", in *Infrastructure, Environment and Life in the Anthropocene*, ed. Kregg Hetherington (Durham, NC, 2018), pp. 193 – 215.

Wolch, Jennifer, and Jody Emel, *Animal Geographies: Place, Politics and Identity in the Nature-Culture Borderlands* (London, 1998), especially Wolch's chapter "Zoöpolis", pp. 119 – 138.

——, and Marcus Owens, "Animals in Contemporary Architecture and Design", *Humanimalia*, VIII/2 (2017), pp. 1 – 18, available at https://humanimalia.org, accessed 10 May 2022.

Wood, David, *Thinking Plant Animal Human: Encounters with Communities of Difference* (Minneapolis, MN, 2020).

致　谢

　　本书的大部分内容是在新冠疫情大流行的第二年撰写的。和许多人一样，2021 年冬春季被迫与世隔绝的生活为我提供了更多关注自然世界的机会。我清楚地记得，我对某些动物进行研究的同时，它们也出现在了我周围的环境中：一只椋鸟在邻居家的屋顶上筑巢，一只褐家鼠在我的花园里寻找食物残渣，家里新领养的小狗查理让我了解了狗的特殊家庭习惯。因此，首先，我必须感谢远近的动物，感谢它们为本书的写作带来的帮助。

　　我也感谢那些致力于动物研究和写作的人——这本身就是一个令人兴奋的领域，与他们交流充满了乐趣。我特别要感谢瑞科出版社的乔纳森·伯特，他编辑了出色的"动物系列"图书，这套书对我和许多人来说都是无价的资源（该系列仍在继续编纂）。该系列的多位作者在本书的早期写作中给予了我极大的帮助，他们是克莱尔·普莱斯顿、波利亚·萨克斯、夏洛特·斯莱、丽贝卡·斯托特、马丁·沃伦和丹·威利。还要感谢丽莎·马格内利、纳撒尼尔·R. 沃克、安迪·梅利特和乔伊斯·黄的慷慨评论。瑞科出版社的薇薇安·康斯坦蒂诺普洛斯再一次证明了她是一位慷慨、有耐心且支持我的编辑——我非常感谢她和玛莎·杰伊使出版过程如此顺利。此外，戴维·罗斯的校对工作远远超出了职责范围，他精益求精，纠正了我不该犯的错误。

我也非常感谢那些慷慨地为本书提供图片的艺术家和设计师，包括蒂姆·诺尔斯、弗里茨·海格、马蒂亚·门凯蒂、杰夫·马诺、约翰·贝克尔、乔伊斯·黄、斯科特·特纳、狄龙·马什、卡拉·诺瓦克、亚当·库比、凯特·麦奎尔、勒妮·戴维斯、曼谷工作室、凯特·奥尔夫、冈工作室、OPSYS、艾莉森·纽迈耶、斯图尔特·希克斯、罗兰·哈博、安德鲁和凯特·伯恩海默。此外，还要感谢巴特莱特建筑学院，他们用建筑研究基金资助了图片使用权和复制权费用。

我的家人同样为本书的出版做出了重要的贡献。我要感谢我的母亲安妮，在我很小的时候，她就在照顾各种动物的过程中把对动物的爱灌输给我。她曾经收留过一只断了翅膀的乌鸦、一只特别顽固的野猫、一窝被遗弃的雏燕，以及许多被弃养的猫和豚鼠，还有一只深受喜爱的小狗。最后，我要一如既往地感谢我的妻子丽莎和女儿伊斯拉，她们又一次耐心地忍受了我对工作的痴迷以及在家庭中的缺席，即使得到的回报之一是一只可爱的小狗。

译名对照表

扬尼斯·库内利斯，《无题（12 匹马）》（艺术作品）

kraken 克拉肯

Kuby, Adam, peregrine falcon project 亚当·库比，"游隼"项目

Kyle, Paul and Georgean 保罗·凯尔和乔治安·凯尔

Lammas eco-village 拉马斯生态村

Le Corbusier 勒·柯布西耶

Lilly, John C. 约翰·C. 利利

livestock 家畜

lizards 蜥蜴

Llowarch Llowarch Architects, raven enclosure 劳沃奇·劳沃奇建筑事务所，渡鸦笼舍

London Wetland Centre 伦敦湿地中心

London Zoo 伦敦动物园

Lovatt, Margaret Howe 玛格丽特·豪·洛瓦特

Lovecraft, H. P., "The Call of Cthulhu" H. P. 洛夫克拉夫特，《克苏鲁的呼唤》

LYCS Architecture, Learning from Ants 零壹城市建筑事务所，"向蚁群学习"项目

Macdonald, Helen 海伦·麦克唐纳

Macfarlane, Robert 罗伯特·麦克法兰

MccGwire, Kate, Enteric (artwork) 凯特·麦奎尔，《肠》（艺术作品）

Maeterlinck, Maurice, The Life of the Bee 莫里斯·梅特林克，《蜜蜂的生活》

Manaugh, Geoff 杰夫·马诺

Marais, Eugène, The Soul of the White Ant 尤金·马莱斯，《白蚁之魂》

Marsh, Dillon, Assimilation (photographic work) 狄龙·马什，《同化》（摄影作品）

Mars Petcare Global Innovation Center, USA 美国玛氏宠物护理全球创新中心

Marx, Karl 卡尔·马克思

Maurier, Daphne du, "The Birds" 达芙妮·杜穆里埃，《群鸟》

Mayhew, Henry, London Labour and the London Poor 亨利·梅休，《伦敦劳工与伦敦贫民》

Menchetti, Mattia 马蒂亚·门凯蒂

Menthol Architects, swift tower 薄荷醇建筑事务所，雨燕塔

Miéville, China 柴纳·米耶维

King Rat 《鼠王》

Kraken 《克拉肯》

Perdido Street Station 《帕迪多街车站》

miniaturization 微型化

Morecroft, Richard, Raising Archie 理查德·莫克罗夫特，《养育阿奇》

Morgan, Lewis Henry, The American Beaver and His Works 刘易斯·亨利·摩根，《美国的河狸和它的杰作》

Morton, Timothy 蒂莫西·莫顿

moss 苔藓

Mozart, Wolfgang Amadeus 沃尔夫冈·阿玛多伊斯·莫扎特

MVRDV, Pig City MVRDV 建筑事务所，"猪城"

My Octopus Teacher (film) 《我的章鱼老师》（电影）

Nagel, Thomas 托马斯·内格尔

nest-boxes 巢箱

Newmeyer, Allison and Stewart Hicks, Farmland World 艾莉森·纽迈耶和

"天际线"丛书已出书目